高等院校应用型"十二五"艺术设计教育
系列规划教材

装饰制图与识图

编 著 张慎成 潘 虹 程 瑶

合肥工业大学出版社

图书在版编目(CIP)数据

装饰制图与识图/张慎成等编著.—合肥:合肥工业大学出版社,2014.7(2019.7重印)
ISBN 978 - 7 - 5650 - 1878 - 7

Ⅰ.①装⋯　Ⅱ.①张⋯　Ⅲ.①建筑装饰—建筑制图—高等学校—教材②建筑装饰—建筑制图—识图法—高等学校—教材　Ⅳ.①TU238

中国版本图书馆 CIP 数据核字(2014)第 158116 号

装饰制图与识图

编著	张慎成 潘 虹 程 瑶		责任编辑	王 磊
出 版	合肥工业大学出版社	版 次	2014 年 7 月第 1 版	
地 址	合肥市屯溪路 193 号	印 次	2019 年 7 月第 4 次印刷	
邮 编	230009	开 本	889 毫米×1194 毫米　1/16	
电 话	艺术设计编辑部:0551 - 62903120	印 张	6.5	
	市 场 营 销 部:0551 - 62903198	字 数	180 千字	
网 址	www. hfutpress. com. cn	印 刷	安徽联众印刷有限公司	
E-mail	hfutpress@163. com	发 行	全国新华书店	

ISBN 978 - 7 - 5650 - 1878 - 7　　　　　　定价:25.00 元
如果有影响阅读的印装质量问题,请与出版社市场营销部联系调换。

总　序

前艺术设计类教材的出版十分兴盛，任何一门课程如《平面构成》、《招贴设计》、《装饰色彩》等，都可以找到十个、二十个以上的版本。然而，常见的情形是，许多教材虽然体例结构、目录秩序有所差异，但在内容上并无不同，只是排列组合略有区别，图例更是单调雷同。从写作文本的角度考察，大都分章分节，平铺直叙，结构不外乎该门类知识的历史、分类、特征、要素，再加上名作分析、材料与技法表现等等，最后象征性地附上思考题，再配上插图。编得经典而独特，且真正可供操作的、可应用于教学实施的却少之又少。于是，所谓教材实际上只是一种讲义，学习者的学习方式只能是一般性地阅读，从根本上缺乏真实能力与设计实务的训练方法。这表明教材建设需要从根本上加以改变。

从课程实践的角度出发，一本教材的着重点应落实在一个"教"字上，注重"教"与"讲"之间的差别，让教师可教，学生可学，尤其是可以自学。它必须成为一个可供操作的文本、能够实施的纲要，它还必须具有教学参考用书的性质。

实际上不少称得上经典的教材其篇幅都不长，如康定斯基的《点线面》、伊顿的《造型与形式》、托马斯史密特的《建筑形式的逻辑概念》等，并非长篇大论，在删除了几乎所有的关于"概念"、"分类"、"特征"的絮语之后，所剩下的就只是个人的深刻体验、个人的课题设计，从而体现出真正意义上的精华所在。而不少名家名师并没有编写过什么教材，他们只是以自己的经验作为传授的内容，以自己的风格来建构规律。

大多数国外院校的课程并无这种中国式的教材，教师上课可以开出一大堆参考书，却不编印讲义。然而他们的特点是"淡化教材，突出课题"，教师的看家本领是每上一门课都设计出一系列具有原创性的课题。围绕解题的办法，进行启发式的点拨，分析名家名作的构成，一次次地否定或肯定学生的草图，反复地讨论各种想法。外教设计的课题充满意趣以及形式生成的可能性，一经公布即能激活学生去进行尝试与探究的欲望，如同一种引起活跃思维的兴奋剂。

因此，备课不只是收集资料去编写讲义，重中之重是对课程进行有意义的课题设计，是对作业进行编排。于是，较为理想的教材的结构，可以以系列课题为主，其线索以作业编排为秩序。如包豪斯第一任基础课程的主持人伊顿在教材《设计与形态》中，避开了对一般知识的系统叙述，只是着重对他的课题与教学方法进行了阐释，如"明暗关系"、"色彩理论"、"材质和肌理的研究"、"形态的理论认识和实践"、"节奏"等。

每一个课题都具有丰富的文件，具有理论叙述与知识点介绍、资源与内容、主题与关键词、图示与案例分析、解题的方法与程序、媒介与技法表现等。课题与课题之间除了由浅入深、从简单到复杂的循序渐进,更应该将语法的演绎、手法的戏剧性、资源的趣味性及效果的多样性与超越预见性等方面作为侧重点。于是,一本教材就是一个题库。教师上课可以从中各取所需,进行多种取向的编排,进行不同类型的组合。学生除了完成规定的作业外,还可以阅读其他课题及解题方法,以补充个人的体验,完善知识结构。

从某种意义上讲,以系列课题作为教材的体例,使教材摆脱了单纯讲义的性质,从而具备了类似教程的色彩,具有可供实施的可操作性。这种体例着重于课程的实践性,课题中包括了"教学方法"的含义。它所体现的价值,就在于着重解决如何将知识转换为技能的质的变化,使教材的功能从"阅读"发展为一种"动作",进而进行一种真正意义上的素质训练。

从这一角度而言,理想的写作方式,可以是几条线索同时发展,齐头并进,如术语解释呈现为点状样式,也可以编写出专门的词汇表;如名作解读似贯穿始终的线条状;如对名人名论的分析,对方法的论叙,对原理法则的叙述,就如同面的表达方式。这样,学习者在阅读教材时,就如同看蒙太奇镜头一般,可以连续不断,可以跳跃,更可以自己剪辑组合,根据个人的情况或需要采取多种使用方式。

艺术设计教材的编写方法,可以从与其学科性质接近的建筑学教材中得到借鉴,许多教材为我们提供了示范文本与直接启迪。如顾大庆的教材《设计与视知觉》,对有关视觉思维与形式教育问题进行了探讨,在一种缜密的思辨和引证中,提供了一个具有可操作性的教学手册。如贾倍思在教材《型与现代主义》中以"形的构造"为基点,教学程序和由此产生创造性思维的关系是教材的重点,线索由互相关联的三部分同时组成,即理论、练习与构成原理。瑞士苏黎世高等理工大学建筑学专业的教材,如同一本教学日志,对作业的安排精确到了小时的层面。在具体叙述中,它以现代主义建筑的特征发展作为参照系,对革命性的空间构成作出了详尽的解读,其贡献在于对建筑设计过程的规律性研究及对形体作为设计手段的探索。又如陈志华教授写作于 20 世纪 70 年代末的那本著名的《外国建筑史(19 世纪以前)》,已成为这一领域不可逾越的经典之作。我们很难想象在那个资料缺乏而又思想禁锢的时期,居然有一部外国建筑史写得如此炉火纯青,30 年来外国建筑史资料大批出现,赴国外留学专攻的学者也不计其数,但人们似乎已无勇气试图再去接近它或进行重写。

我们可以认为,一部教材的编撰,基本上应具备诸如逻辑性、全面性、前瞻性、实验性等几个方面的要求。

逻辑性要求,包括教材内容的选择与编排具有叙述的合理性,条理清晰,秩序周密,大小概念之间的链接层次分明。虽然一些基本知识可以有多种不同的编排方法,然而不管哪种方法都应结构严谨,自成一体,都应生成一个独特的系统。最终使学习者能够建立起一种知识的网络关系,形成一种线性关系。

全面性要求,包括教材在进行相关理论阐释与知识介绍时,应体现全面性原则。固然,教材可以有教师的个人观点,但就内容而言应将各种见解与解读方式,包括自己不同意的观点,包括当时正确而后来被历史证明是错误或过时的理论,都进行尽可能真实的罗列,并同时应考虑到种种理论形成的文化背景与时代语境。

前瞻性要求,包括教材的内容、论析案例、课题作业等都应具有一定的超前性,传授知识领域的前沿发展,而不是过多表述过时或滞后的经验。学生通过阅读与练习,可以使知识产生迁延性,掌握学习的方法,获得可持续发展的动力。同时,一部教材发行后往往要使用若干年,虽然可以修订,但基本结构与内容已基本形成。因此,应预见到在若干年以内保持一定的先进性。

　　实验性要求,包括教材应具有某种不规定性,既成的经验、原理、规则应是一个开放的系统,是一个发展的过程,很多课题并没有确定的唯一解,应给学习者提供进行多种可能性实验的路径或多元化结果的可能性。问题、知识、方法可以显示出趣味性、戏剧性,能够激发学习者的探求欲望。它留给学习者思考的线索、探索的空间、尝试的可能及方法。

　　由合肥工业大学出版社出版的《高等院校应用型"十二五"艺术设计教育系列规划教材》,即是在当下对教材编写、出版、发行与应用情况进行反思与总结而迈出的有力一步,它试图真正使教材成为教学之本,成为课程本体的主导部分,从而在教材编写的新的起点上去推动艺术教育事业的发展。

邬烈炎

南京艺术学院设计学院院长　教授

前　言

在环境艺术设计专业中,设计理念需要通过一定的方式表达出来,才能有效地指导施工环节。工程制图无疑是主要且规范的表达方式之一,也是设计思想得以落实的重要专业保障。

本书在编写的过程中力求从学以致用的角度出发,切实做到理论联系实际,深入浅出地讲解室内设计专业的基础制图知识,并配以大量绘图实例帮助理解,图文并茂,内容系统、丰富,通俗易懂,具有很强的实践参考价值。书中内容涵盖面广,不仅有利于拓宽学生的视野,还便于老师根据不同的学时需要进行取舍。

全书共分七章,系统阐述了投影理论的基本知识,剖面图、断面图、透视图在装饰工程图的作用,装饰工程制图的基础知识、制图的要求,以及装饰设计平面图、顶棚平面图、立面图、构造详图的绘制方法,图例符号、材料符号等内容。编写过程中有意加强实战意识,同时力求绘图概念清晰,通俗易懂。

本书可作为一般本科、高等职业技术院校、成人高等院校环境艺术设计类专业及相关专业教学用书,也可作为室内设计、环境艺术设计、建筑装饰设计等专业设计人员、技术施工人员及业余爱好者的参考用书。

由于编者水平有限及编写时间紧迫,本书难免有不当之处,恳请广大读者提出宝贵意见,以便在今后的工作中予以改正。

编　者

2014 年 7 月

目　　录

第一章　装饰制图的二维表达

▶ 学习目标：

　　掌握投影概念和分类，掌握正投影法的投影特性。熟练掌握三视图画法依据，掌握剖面图、断面图的画法及其区别，为后续专业学习奠定基础。

▶ 学习重点：

　　正投影法的特点；三视图绘制；剖面图、断面图的绘制。

▶ 学习难点：

　　正投影法的投影特性；剖面图、断面图的区别。

　　立体图能直观地反映物体的形态，但它不能表现物体的各个面的大小，更不便于标注尺寸，因此不能满足工程施工的要求。在设计制图中，通常采用正投影原理的绘制方法，也就是将物体的图像通过二维的形式表达出来。装饰设计制图也不例外。

▶ 第一节　投影的概念和分类

一、投影的概念

　　在日常生活中，物体在灯光或日光的照射下，会在地面、墙面或其他表面上产生影子，如图1－1所示。这种影子在一定程度上反映了物体的形状和大小，但它仅反映了物体的外轮廓，而不能真正反映出物体的空间形状。

　　假设从光源发出的光线能够穿透物体，光线把物体的每个顶点和棱线都投射到地面或墙面上，这样所得到的影子就能表达出物体的空间形状，称为物体的投影，如图1－2所示。

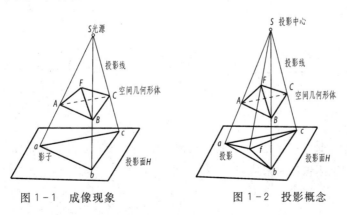

图1－1　成像现象　　　　　　　图1－2　投影概念

二、投影法的分类

根据投影中心与投影面的相对位置,投影法分为两大类:中心投影法和平行投影法。

1. 中心投影法

所有投影线都交于投影中心的投影方法,如图1-3所示。这时三角板的投影不反映其真实形状和大小,且随着三角板的位置不同,其投影也随之变化。中心投影法常用于绘制透视图。如图1-4所示。

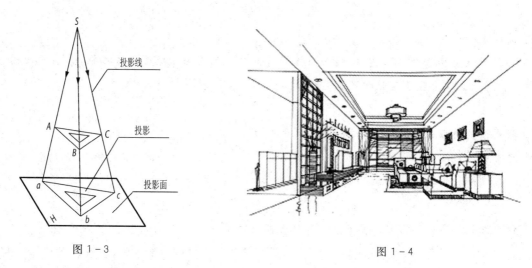

图1-3 图1-4

2. 平行投影法

假设将光源移至无限远处,则靠近物体的所有投影线,就可以看作是互相平行的。所有投影线均相互平行的投影方法叫平行投影法,如图1-5所示。

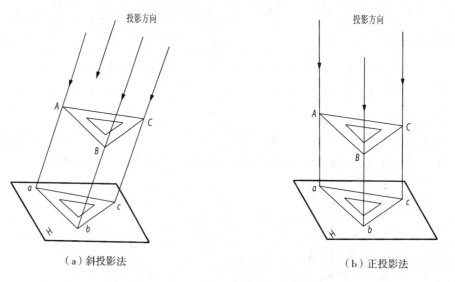

（a）斜投影法 （b）正投影法

图1-5

根据投影线与投影面是否垂直,平行投影法又可分为斜投影法和正投影法。

(1)斜投影法:相互平行的投影线倾斜于投影面的投影法,见图1-5(a)。斜投影法主要用于绘制轴侧图。

(2)正投影法:投影线彼此平行且垂直于投影面的投影方法,见图1-5(b)。正投影法作图简便,度量性好,是所有工程图样的主要图示方法。用正投影法得到的投影叫正投影。

第二节　正投影法的投影特性

构成物体最基本的元素是点、直线和平面。点、直线和平面的正投影具有以下特性,如图1-6所示。

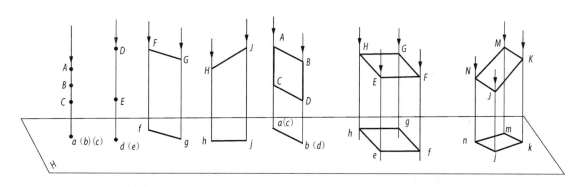

图1-6　点、直线、平面的正投影特性

一、点的投影

点的投影仍为点。如图1-6所示,图中 A 的投影为 a。在投影作图中,规定空间点用大写字母表示,其投影用小写字母表示,位于同一投影线上的各点,其投影重合为一点,规定下面的点的投影要加上括号,如图1-6中 A、B 的投影 a(b)。

二、直线的投影

1. 平行于投影面的直线,其投影仍为一条直线,且投影与空间直线长度相等,即投影反映空间直线的实长。如图1-6中直线 FG 的投影 fg。

2. 垂直于投影面的直线,其投影积聚为一个点,如图1-6中 DE 的投影为 d(e)。

3. 倾斜于投影面的直线,其投影仍为一条直线,但投影长度比空间直线短,如图1-6中 HJ 的投影 hj。

为便于记忆,直线的投影特点可归纳为:平行投影长不变,垂直投影聚为点,倾斜投影长缩短。

三、平面的投影

1. 平行于投影面的平面,其投影与空间平面的形状、大小完全一样,即投影反映空间平面的实形。如图1-6中平面 EFGH 的投影 efgh。

2. 垂直于投影面的平面,其投影积聚为一条直线,如图1-6中平面 ABCD 的投影 a(c)b(d)。

3. 倾斜于投影的平面,其投影为小于空间平面的类似形,如图1-6中 MNJK 的投影 mnjk。

为便于记忆,平面的投影特点可归纳为:平行投影真形显,垂直投影聚为线,倾斜投影形改变。

第三节　三视图的形成及投影关系

物体向投影面投影所得的图形叫投影图,也称视图。用正投影法绘制物体视图时,是将物体放在绘图者和投影面之间,以观察者的视线作为互相平行的投影线,将观察到的物体形状画在投影面上。如图1-7所示,几个不同形状的物体在同一个投影面上的投影却是相同的。因此,物体的一个视图一般不能确定其真实形状,还必须有其他方向的投影,才能清楚完整地反映出物体的全貌,这就需要增加投影面,通常采用三个彼此垂直的投影面获得三面投影来表达物体的形状。

一、三视图的形成

如图1-8所示,取三个互相垂直相交的平面构成三投影面体系。

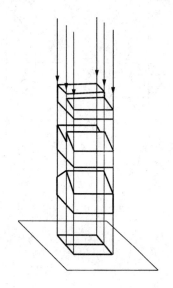

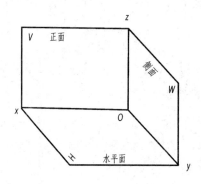

图1-7　物体的一个正投影,一般不能确定其空间形状　　　图1-8　三投影面体系

三个投影面分别为:

正立投影面 V,简称正面;

水平投影面 H,简称水平面;

侧立投影面 W,简称侧面。

每两个投影面的交线 OX、OY、OZ 称投影轴,三个投影轴互相垂直相交于一点 O,称为原点。

将物体置于三投影面体系中,并使其主要面处于平行于 V 投影面的位置。用正投影法分别向 V、H、W 面投影即可得到物体三个投影,通常称三视图,如图1-9所示。三个视图分别为:

主视图:由前向后投影,在 V 面上得到的投影图;

俯视图:由上向下投影,在水平面 H 上得到的投影图;

左视图:由左向右投影,在 W 面上得到的投影图。

按国家标准规定,视图中凡可见轮廓线用实线表示;不可见轮廓线用虚线表示;对称线和中心线用细单点长画线表示。

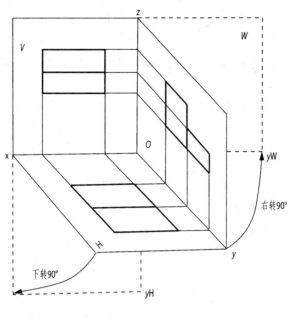

图 1-9 三视图

二、投影面的展平

为了能在一张图纸上同时反映出三个视图,必须把三个互相垂直的投影面,按一定规则展开摊平在平面上。展平方法是:正面 V 保持不动,水平面 H 绕 Ox 轴向下旋转 90°,侧面 W 绕 Oz 轴向右旋转 90°,使 V、H、W 面位于同一平面上,见图 1-10(b)。

Oy 轴是 W 面与 H 面的交线,投影面展平后的 y 轴被分为两部分,随 H 面旋转的 y 轴用 y_H 表示,随 W 面旋转的 y 轴用 y_W 表示。

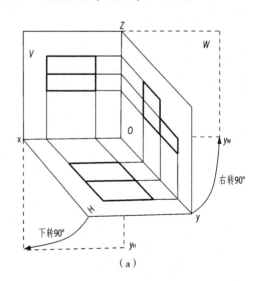

（a）

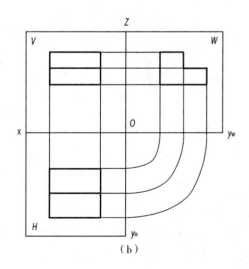

（b）

图 1-10

三、三视图与空间方位的关系

物体的上、下、左、右、前、后六个方向位置,在画成三视图以后的对应关系如图 1-11 所示。主视图反映物体的上、下、左、右位置和前面形状;俯视图反映物体左、右、前、后位置和上面形状;左视图反映物体的上、下、前、后位置和左面形状。俯视图在主视图的正下方,左视图在主视图的正右方。熟知这些方位关系,对以后正确地画图和看图非常重要。

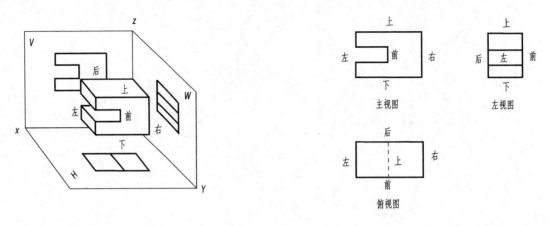

图 1-11

四、三视图间的尺寸关系

物体有长、宽、高三个方向的尺寸。三视图是由同一物体、同一位置情况下,进行三个不同方向的投影得到的,因此各视图间存在着严格的尺寸关系,如图 1-12 所示。

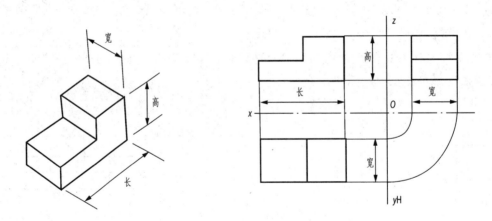

图 1-12 三视图间的尺寸关系

1. 主视图和俯视图相应投影长度相等,并且对正。

2. 主视图和左视图相应投影高度相等,并且平齐。

3. 俯视图和左视图相应投影宽度相等。

上述投影关系可简称为三等关系,它不仅适用于整个物体的投影,也适用于物体上每个局部的投影。为了便于记忆,我们将三等关系作如下简述:主、俯长对正,主、左高平齐,俯、左宽相等。

▶ 第四节 剖面图

一、剖面图的形成

在建筑设计、装饰设计和家具设计的制图中,还有一种不可缺少的表示方法,那就是剖面图。剖面图是假设物体被一个切面切开后移去被切部分,以反映物体内部构造的表示法,如图 1－13 所示。通常在三视图中,可用虚线来表示隐蔽部分,但不能显示物体内部的真实内容。剖面图则可作为三视图的补充,对工艺、工程施工具有不可缺少的作用。

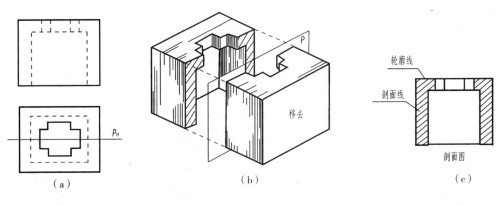

图 1－13 剖视图的形成

二、画剖面图应注意的问题

1. 剖切平面应平行于投影面。

2. 剖切平面一般应通过物体的对称面或内部孔、槽结构的轴线。

3. 剖切平面后面的可见部分的投影应全部画出。

4. 采用剖面图后,对已经表达清楚的结构,虚线可以省略不画。

三、剖面图的标注

为了明确投影图之间的投影关系,便于看图,对所绘的剖面图一般加以标注,以明确剖切位置、剖视方向、剖切符号编号。

1. 剖切位置

假设剖切平面垂直于某个基本投影面,则剖切平面在该基本投影面上的视图积聚成一条直线,该直线就表明了剖切平面的位置,称为剖切位置线,简称剖切线。在投影图中,剖切线用断开的两段粗实线表示,长度 6～10mm 为宜。剖切线不宜与图形中的其他图线相接触。

2. 剖视方向

为了表明剖切后的投射方向,在剖切线末端的外侧各画一段与之垂直的短粗实线表示投影方向。剖视方向线长度以 4～6mm 为宜。在剖面图中如果剖视方向不同,绘出的剖面图则完全相反。

3. 剖切符号编号

用于标注剖切符号的编号,一般采用阿拉伯数字。书写在表示投影方向的短粗实线的一侧。如果一个形体需要画几个剖面图,它们剖切符号的编号应按顺序由左至右,由下至上连续编排。如图 1－14 所示。

在图样中,为了便于读图,在剖视图的下方或一侧应标注图名,并在图名下画一粗横线,其长度等于标写文字的长度。

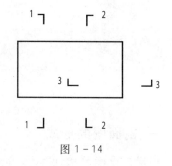

图 1－14

第五节 剖面图的种类及画法

在装饰工程中,为了清楚地表达物体的内部和外形构造,根据物体的形状不同,可采用不同种类的剖面。剖面图的种类有全剖面图、半剖面图、局部剖面图和分层剖面图。

一、全剖面图

假想用一个剖切平面完全地剖开形体所得到的剖面图,称为全剖面图。

全剖视图主要用来表达外形简单,内部形状较复杂而又不对称的物体。如图 1－15(a)、(b)所示。

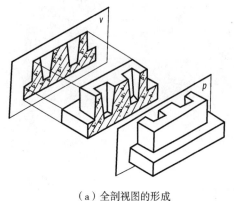

（a）全剖视图的形成

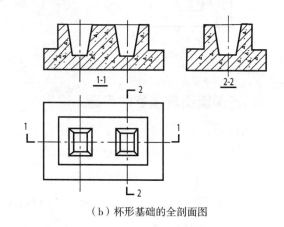

（b）杯形基础的全剖面图

图 1－15

二、半剖面图

用一个剖切平面把形体剖开一半所得到的剖面图,称为半剖面图。当形体对称且内部、外部的形状均需要表达时,其投影视图以对称线为界,一半绘外形视图,一半绘成剖面图,如图 1－16 所示。

1. 半剖视图的优点:

由于半剖视图主要用于对称图形的表达,它省略了一半重复画图。一半画视图,一半画剖视,同时表达了物体内、外形状,为绘图和看图节省了时间。

2. 画半剖面图时应注意的问题：

(1)半个视图与半个剖面图的分界线应为细单点长划线,并在细单点长画线上画出对称符号。

(2)在半个视图中,表示物体内部形状的虚线可省略,但对孔、槽等要用细单点长画线标明其位置。

(3)半剖面图的标注方法与全剖面图相同(见图1-16)。

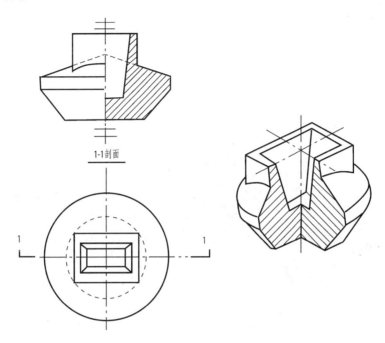

图 1-16 锥形基础的半剖面图的形成

三、局部剖面图

将形体局部剖切后所得到的剖面图,称局部剖面图。

当物体仅需局部表达内部形状而无需采用全剖或半剖时,可采用局部剖视,如图1-17所示。

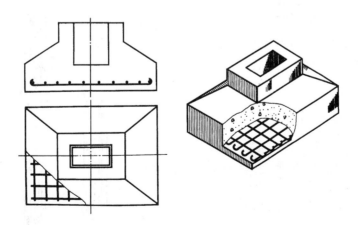

图 1-17 杯形基础局部剖面图

1. 局部剖视图的优点：

局部剖切视图的剖切位置、剖切范围可视需要而定,表达方法灵活。

2. 画局部剖视图应注意的问题:

(1)局部剖视图的视图部分与剖视部分的分界线采用波浪线,它表示物体断裂处的边界线的投影。

(2)在同一个视图中不宜采用过多的局部剖视,以免给看图带来困难。

(3)局部剖视一般不加标注。

四、分层局部剖面图

对于多层次构造,则需绘出分层局部剖面图。

这种方法多用于反映地面、墙面、屋面等处的构造。如图 1-18 所示,是用分层局部剖切的方法表示楼层地面所用的材料和构造。图中的三条波浪线作为分界线,分别把三层的构造都表达清楚了。

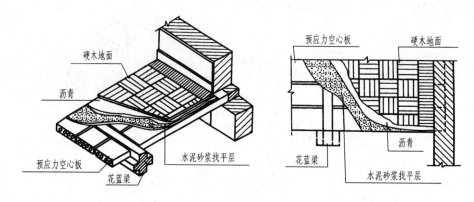

图 1-18

第六节 断面图

一、断面图的基本概念

断面图也称截面图。用平行于投影面的假想剖切平面将物体的某处断开,仅画出断面的投影,这个投影面叫断面图,简称断面,如图 1-19。断面图一般采用较大比例画出。

二、常见的几种断面图

断面图主要用于表达物体的断面形状,绘制时根据断面图的布置不同,可分为移出断面图、重合断面图和中断断面图三种形式。

1. 移出断面图

断面图画在投影图之外,称为移出断面。这是常见的一种断面形式。可将断面图布置在图纸的某一任意位置,但必须在剖切线处及断面图的下方加注编号及图名。如见图 1-19 中的 2-2 断面图。

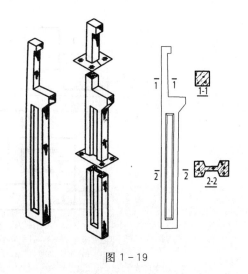

图 1-19

2. 重合断面图

画在视图轮廓线之内的断面称为重合断面。重合断面的轮廓线用细实线绘制,以便与投影的轮廓线区别开,并且形体的投影线在重合断面范围内仍是连续的,不能断开。如图 1 - 20 所示。

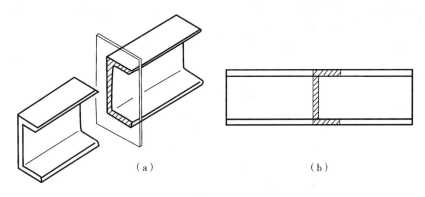

（a）　　　　　　　　　（b）

图 1 - 20

3. 中断断面图

断面图画在投影图的中断处叫中断断面。这种画法是假想把形体断裂开,而把断面图画在撕裂后投影图的中间,如图 1 - 21 所示。其轮廓线用粗实线绘制,重合断面和中断断面均不需加标注。

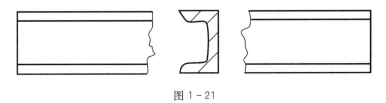

图 1 - 21

三、剖面图与断面图的区别

1. 剖面图是画出形体被剖开后整个余下部分的投影,而断面图只是画出形体被剖开后断面的投影。

2. 剖面图是被剖开后的形体投影,是体的投影,而断面图只是一个切口的投影,是面的投影。所以,剖面图中包含着断面图,而断面图只是剖面图的一部分。

3. 剖面图的剖切线要在粗短线上加垂直线段,表示投影方向,而断面图不加垂直线段,只由编号的标写位置来表示投影方向。

思考与练习

1. 在正投影中,点、直线、平面有哪些投影特性?

2. 三视图是如何形成的?

3. 根据立体图找投影图。

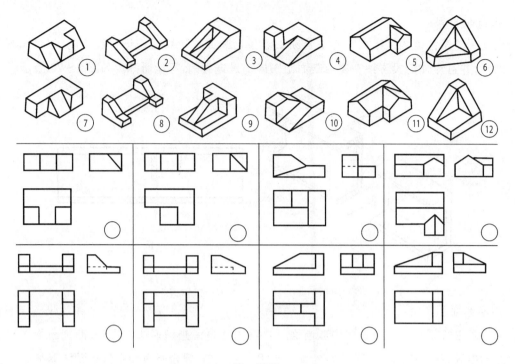

第 3 题图

4. 用 A3 图纸画组合体三视图,并标注尺寸(比例自定)。

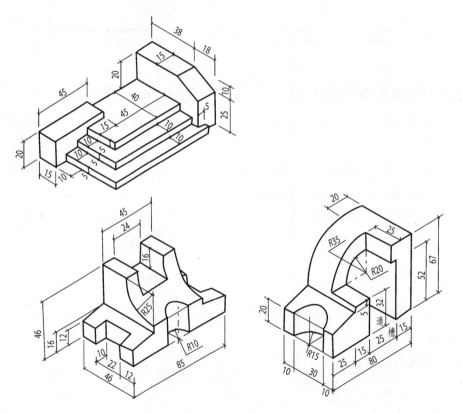

第 4 题图

第二章 装饰制图的三维表达

▶ 学习目标：
  掌握透视制图的基本知识及透视制图的基本方法。

▶ 学习重点：
  透视图中的构图要素；平行透视的基本画法；成角透视的基本画法。

▶ 学习难点：
  成角透视的形成及特点；量点法作成角透视图。

▶ 第一节 透视图的基本知识

透视图是物体的三维表达形式，它的图像具有立体感。

通常我们所看到的物体是通过视线把物体的形状、色彩反射到视网膜上产生影像的结果。如果用画面 P 代替视网膜，视点 E 代替折射的焦点，则可得到的图像如图 2-1 所示。如果把画面移到视线 P_1 和 P_2 的位置，则可得到正像，如图 2-2，P_1 上透视图比实物小，成为透视缩小图，P_2 上的透视图比实际大，称为放大透视图。因此，我们可以了解到，物体与观察者之间的不同距离可产生各种不同的透视现象。

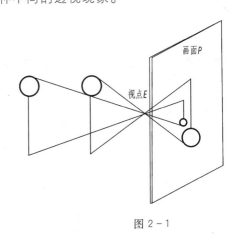

图 2-1

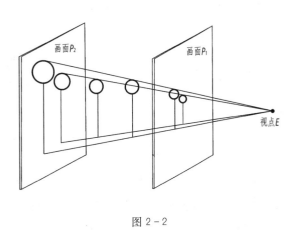

图 2-2

一、透视作图的基本术语

为了便于理解透视的原理和掌握透视作图的基本方法，特拟定一定的条件和术语，并以图 2-3 加以说明。

P 画面——透视图所在的平面，垂直于基面；

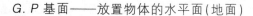

G.P 基面——放置物体的水平面(地面)

G.L 基线——画面与基面的交线;

H.L 视平线——通过心点所作的水平线(或等于视高的水平线);

E 视点——人眼所在的位置;

C.V 视点——在画面上的正投影,也称主点;

S.P 站点——人站立的位置,也称足点;

D 距点——视点到心点的距离,投影在视平线心点的两侧;

视距——视点到画面的垂直距离,又称视心线;

视高——视点到基面(地面)的高度;

真高线——在透视图中能反映物体或空间真实高度的尺寸线。

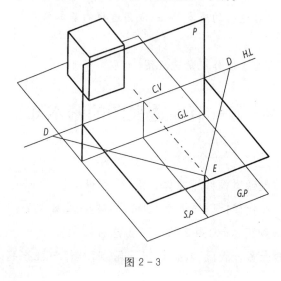

图 2-3

二、透视图的形式类别

1. 平行透视

也称一点透视,视心即灭点。平行六面体的主向轮廓线有两组是原线,无灭点,只有一组是变线,因而只有一个灭点。平行透视表现范围广,纵深感强,适合表现庄重、严肃的室内空间,缺点是比较呆板,与真实效果有一定距离,如图 2-4。

2. 成角透视

平行六面体的两组面与画面有角度关系,又称两点透视。三组主向轮廓线只有直立边是原线,无灭点,其余两组边线都是变线,因而有两个灭点,如图 2-5。成角透视图画面效果自由、活泼,反映空间比较接近人的真实感觉,缺点是角度选择不好,容易产生变形。

3. 三点透视

平行六面体的三组主向轮廓线与画面有角度关系,都是变线,因而有三个灭点,也称斜透视。三点透视图绘制较一点透视、两点透视复杂,多用于高层建筑的表现,如图 2-6。在室内装饰设计中一般不会采用这一方法,在此不再详述。

图 2 - 4

图 2 - 5

图 2 - 6

三、透视图中的构图要素及要点

在作透视图之前,要根据表现对象的形体特点和所要表现的重点,选择好视点、画面与对象物体的相对位置,做到既能突出重点、清楚地表达设计构思,又能在构图处理上避免单调。为了获得良好的透视效果,应当认真考虑以下几个问题。

1. 视点的选择

确定视点的位置,主要包括两个方面——站点和视高。

(1)站点的选择

站点的选择应充分考虑空间或对象物体的特征,有重点、有主次地进行选择。如图2-7、图2-8、图2-9所示。

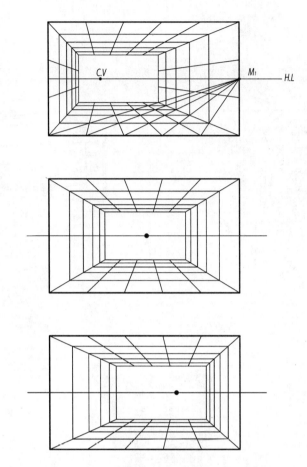

图 2-7　平行透视中,站点左右移动使心点产生移动,形成侧重点各不相同的空间

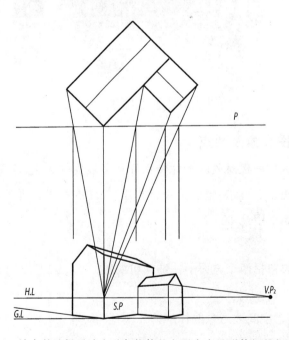

图 2-8　站点的选择反映出对象物体的主要内容及形体间的相互关系

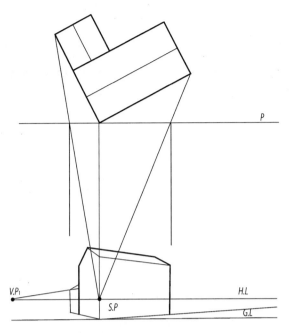

图 2-9 站点的位置,使对象物体的主要特征表达的不明确

(2)确定视高

按照常人的平均高度,我们通常把视高确定在 1.5～1.7m 之间。按此高度绘制的透视图与正常的视觉一致。但有时为了取得某些特殊效果,可根据设计意图适当增加或降低视高。如,为了取得空间的雄伟感觉,可降低视平线;为了表现空间水平方向及纵向设计的丰富层次可适当提高视平线,如图 2-10 所示。

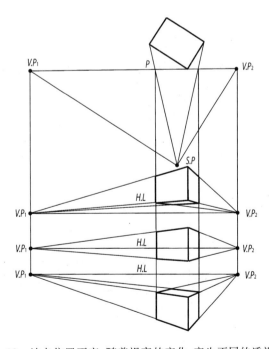

图 2-10 站点位置不变,随着视高的变化,产生不同的透视效果

2. 确定视距

视距是指视点到画面的垂直距离。当站点位于 $S.P_1$ 时，与对象物体距离过近，水平视角就大，其结果是视平线上的两灭点过近，透视变形；将站点移至 $S.P_2$ 时，视平线上的两灭点距离较远，透视图像舒展，效果较佳。可见视距对透视效果的影响之大，如图 2-11 所示。

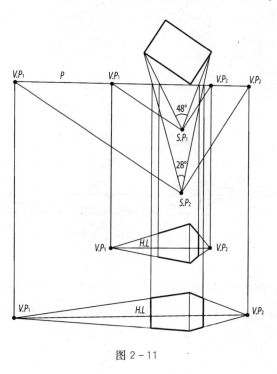

图 2-11

3. 视域与视角

当我们观察物体的时候，形成一个以眼睛为顶点，视线中心为轴线的锥体，锥体的顶角为视角，锥体与画面相交所得到的封闭圆形区域称为视域，观察到的物体在视域范围内只有部分是清晰的。因此，一般情况下，作图视角常控制在 60°内，以 28°～37°为好。在作室内透视图时，因受空间、场地的限制，视角可控制在 60°左右，超过 90°则画面透视效果失真。如图 2-12～图 2-14 所示。

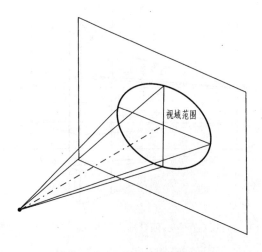

图 2-12　人的视域范围的位置

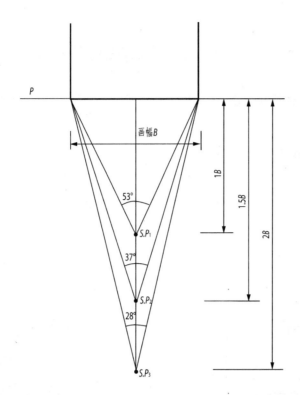

图 2-13 视距等于画幅时,视角为 53°;视距是画幅的 1.5 倍时,视角为 37°;视距是画幅的 2 倍时,视角为 28°

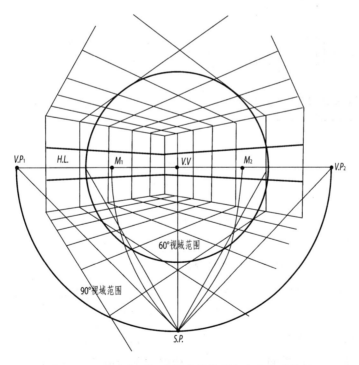

图 2-14 在成角透视中视角的控制与失真变形情况

第二节 透视制图的基本方法

要熟练地掌握和运用透视制图法,必须对平行透视、成角透视进行分类学习,深入地探讨其特性及透视规律,以便在工作中举一反三,触类旁通。

一、平行透视的基本画法——量点法

平行透视即一点透视,在透视制图中运用得最为普遍。平行透视图表现范围广,涵盖内容丰富,说明性强,可运用丁字尺、三角尺作图,快捷而实用。

量点法是作透视制图的基本方法之一,适宜于设计探讨过程中的作图。量点法用来绘制空间或对象物体的深度,用 M 表示测量点。在平行透视中,测量点位置可任意确定,可以在主点的左边,也可在右边。测量点到主点位置的远近对透视图的最终效果起关键作用,如图 2-15(a)~(c)。

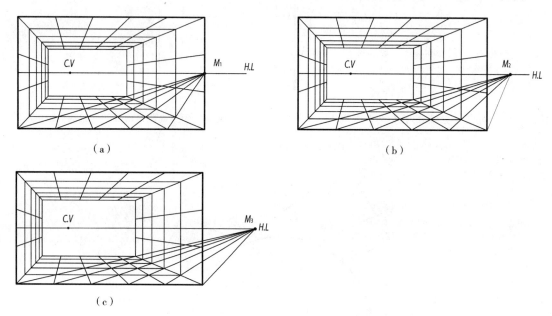

图 2-15

量点法作图第一步如下:

确定外框为宽 5m、高 3m,并标上刻度,每段皆为 1m,设定水平线及心点 $C.V$,连接 $OC.V$、$AC.V$、$BC.V$、$5C.V$。如图 2-16(a)。

在视平线的外框左右两侧任意确定测量点 M,寻求进深为 6m 时,从点 O 向水平左向量出第 6 米刻度"-1",并依次向测量点 M 作连线,与 $5C.V$ 线段的各交点作垂直线,水平线。如图 2-16(b)、图 2-16(c)。

同理将 $OC.V$、$BC.V$ 上各交点分别作垂直线、水平线,过 $C.V$ 作 1、2、3、4 基线上各点的连线,真高线及 AB 上各点连线,完成空间结构的求作。此时视透图中每一格子皆为 1m×1m 的透视尺度,如图 2-16(d)。此作图法为平行透视量点法的"从外向内推"的作法。

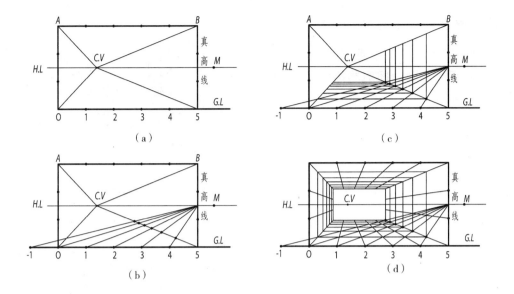

图 2 - 16

量点法作图第二步如下：

按长宽比例确定空间的内框 ABCD 并记上尺寸刻度,确定视平线及心点 C.V,作 C.VA、C.VB、C.VC、C.VD 的连线并向外延伸。过 D 点作水平线并记上刻度,刻度的多少即空间进深的尺度。在视平线上任意定出测量点 M(最好位于点 6 之后的位置)。如图 2 - 17(a)。

分别过 M 作点 1、2、3、4、5、6 的连线并延长交 C.VD 的延长线得到各交点,并通过各交点作垂直线与水平线。如图 2 - 17(b)。

与 C.VA、C.VC 的延长线交点分别作垂直线与水平线。如图 2 - 17(c)。

过 AD、AB、BC、CD 线段各点作 C.V 的连线并向外延长,即完成量点法的透视制图。如图 2 - 17(d)。此作图法为平行透视量点法的"从内向外推"的作法。

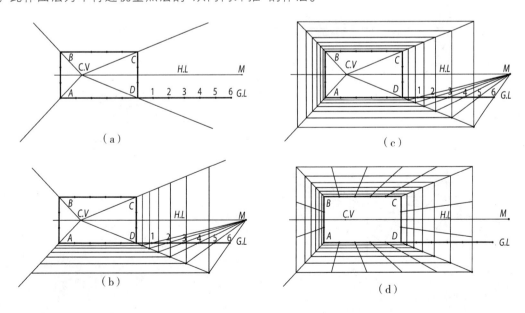

图 2 - 17

二、成角透视的基本画法——量点法

成角透视又称两点透视,作图表现范围较平行透视小些,主要用于表现空间的局部区域,其画面生动灵活,有利于设计主体的表现。成角透视中,矩形除垂直线外,另两组主向轮廓线呈倾斜角度,其所有线条均消失于视平线左右的两个消失点上,其中倾斜角度大的一面其灭点距心点近,倾斜角度小的一面距心点远,高于视平线的平面表现为近高远低,低于视平线的平面表现为近低远高。如图2-18所示。

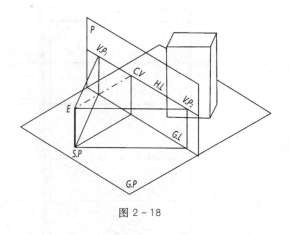

图 2-18

在平行透视中,测量点的位置可在视平线上心点的左右位置(画面内框以外)任意确定,而在成角透视中,两个测量点 M_1,M_2 的位置需通过一定的规律步骤方可找到。

量点法作室内成角透视图方法一:

定出视平线 H.L,真高线 AB,两个灭点 V.P₁、V.P₂,作 A、B 两点与 V.P₁、V.P₂ 的连线,并使之延长,以 V.P₁、V.P₂ 为直径画圆弧,交 AB 延长线于点 E,分别以 V.P₁、V.P₂ 为圆心,V.P₁E、V.P₂E 为半径作圆弧交视平线 H.L 于点 M₁、点 M₂,M₁、M₂ 为透视进深的测量点。如图2-19(a)。

过点 A 作基线 G.L,并按真高线同样比例标明刻度,点 A 左右两侧分别代表两侧的进深尺度,分别过点 M₁、M₂ 作基线 G.L 上各刻度的连线,并延长交过 A 点的透视线于各点,将各点分别连接 V.P₁、V.P₂ 延长形成地面网格。如图2-19(b)。

整理细节,完成空间结构的透视作法。如图2-19(c)。

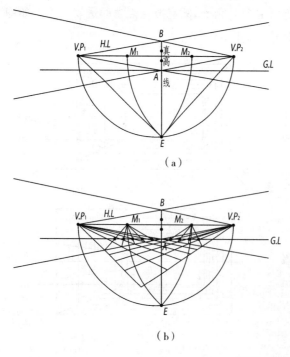

（a）

（b）

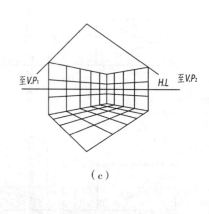

（c）

图 2-19

量点法作室内成角透视图方法二：

作图步骤与图 2-19 基本相同，只是在寻找测量点 M_1、M_2 时方法更为实用。其作法为：在过 A 点的两条透视线上任意取一线段 CD，以 CD 为直径画圆弧，交 BA 延长线于点 E，分别以 C、D 为圆心，CE、DE 为半径作圆弧交 CD 于点 M_1、点 M_2，连接 M_1A、M_2A 并延长与视平线 $H.L$ 交于点 M_1'、点 M_2'，点 M_1'、M_2' 为整个透视进深的测量点，其余步骤与图 2-19 一致。如图 2-20(a)，图 2-20(b)。

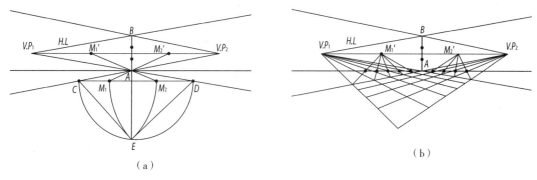

（a）　　　　　　　　　　　　　　（b）

图 2-20

思考与练习

1. 透视图的类别有哪些？各有什么特点？何为视点、画面及基面？

2. 已知平面图（见下图），以合理比例关系作其一点透视图。室内高度 3000mm，床高 500mm，床头柜高 450mm，门窗高度自定，可在床、门、窗及墙面等部位深入绘制，如添加床头、窗扇及墙面造型等。要求保留主要作图步骤。

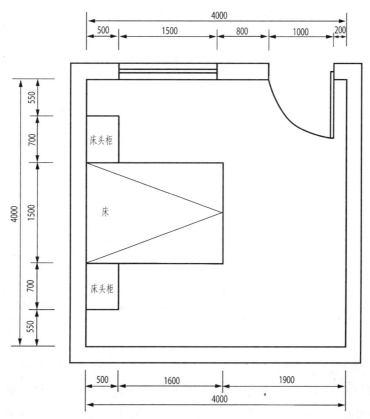

第三章 制图基础

▶ 学习目标：

掌握相关图样的绘制规则，并能符合国家相关标准。

▶ 学习重点：

符号设置和文字设置。

▶ 学习难点：

剖切符号与索引符号的掌握及应用。

为了工程图的统一，保证绘图的质量与速度，使图纸简明易懂，并符合设计、施工与存档要求，国家制定了相应的标准和规范。本章学习的制图基础依据国家 2001 年颁布实行的《房屋建筑制图统一标准 GB/T50001－2001》、《建筑制图标准 GB/T50104－2001》和 2003 年的《建筑工程设计文件编制深度规定》。装饰施工图同样也应遵循这一标准。

▶ 第一节 制图图纸规定

一、图纸幅面和图框

图纸幅面是指图纸的尺寸大小，简称图幅。图框是指界定图纸内容的线框。建筑设计制图中确定的幅面与图框尺寸，适用于装饰设计制图，通常运用以下几种，如表 3－1 所示。图纸幅面、图框尺寸、格式应符合国家制图标准《房屋建筑制图统一标准 GB/T50001－2001》的有关规定。

表 3－1 幅面及图框尺寸(mm)

尺寸代号＼幅面代号	A0	A1	A2	A3	A4
B×L	841×1189	594×841	420×594	297×420	210×297
a	25				
c	10			5	

对于一些特殊的图例，可适当加长图纸的幅度，但仅限于图纸的长边，加长部分的尺寸应为长边的 1/8 及其倍数，如图 3－1 所示：b 为图幅短边尺寸，L 为图幅长边尺寸，a 为图框线到图纸左边缘的

距离,c 为图框线到图纸上、下及右边缘的距离。图纸以短边做水平边称作立式,对 A0～A3 图纸中以使用横式较为常见,但也可以使用立式,图框的放置方式可依据图例详情选择。

装饰设计中标题栏是将设计单位名称、工程名称、图纸内容、工程负责人、设计、制图、审核、核对、项目编号、图号、比例、日期等集中罗列的表格。

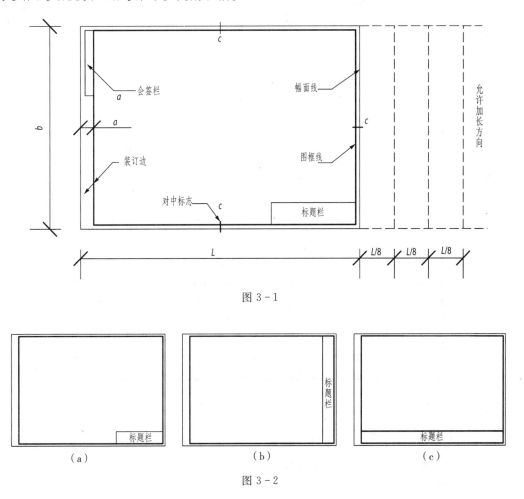

图 3-1

图 3-2

以往的建筑设计制图规范中,标题栏一般位于图框的右下角,如图 3-1 所示。装饰设计制图中,标题栏的放置位置目前主要有以下三种:(1)在图框右下角;(2)在图框的右侧并竖排标题栏内容;(3)在图框的下部并横排标题栏内容,如图 3-2 所示。标题栏也可简称为图标,图标通常分为大图标和小图标。以下两例是放置在图纸右下角的大小图标,如表 3-2(a)、表 3-2(b)所示。

表 3-2(a) 图纸标题栏——大图标

设计单位名称			工作内容	姓名	签字月日
工程总称					
项目					
图纸名称		设计号			
		图别			
		图号			
		日期			

1. 大图标一般用于 0、1 及 2 号图纸上。图标尺寸通常为 180×50、180×60、180×70（单位：mm）。

2. 小图标一般用于 2、3 及 4 号图纸上。图标尺寸通常为 85×30、85×40、85×50（单位：mm）。

表 3-2(b)　图纸标题栏——小图标

图纸名称			设计单位名称			
工程总称		设　计		图　别	
项　目		绘　图		图　号	
		校　对		比　例	
		审　核		日　期	

3. 会签栏是供签字用的表格，栏内应填入会签人员所代表的专业、姓名、日期等。放在图纸左面图框线外的上端（如图 3-1 所示）。一个会签栏不够时，可另加一个，两个会签栏应并列；不需会签的图纸可不设会签栏。

表 3-3　会签栏

专　业	姓　名	日　期

4. 图纸布局原则

为了能够清晰、快速地阅读图纸，图样在图幅上排列要遵循一定规则，所有构图要遵循齐一性原则。这样可以使图面的组织排列在构图上呈统一整齐的视觉编排效果，并且使得图面内的排列在上下、左右都能形成相互对应的齐律性。

5. 图纸类型及顺序

一个项目是由许多专业共同协调配合完成的，如建筑、结构、水电、暖通等专业，他们按照各自的要求用投影的方法，并遵循国家颁布的制图标准及各专业的习惯画法，完整、准确地用图样表达出构筑物的形状、大小尺寸、结构布置、材料和构造做法，是施工的重要依据（详见各专业设计要求）。

(1)按照设计过程，这些图纸可分为方案设计图、初步设计图和施工图。按照专业的不同可以分为建筑施工图、室内装饰施工图、景观施工图、结构施工图、设备施工图等。

(2)一项完整工程的图纸编排顺序，应依次为：图纸目录、总图及说明、建筑、结构、给水排水、采暖通风、电气、动力。以某专业为主体的工程图纸应突出该专业。

在同一专业的一套完整图纸中，也包含很多内容。这些图纸内容要按照一定的顺序编制，先总体、后局部，先主要、后次要，布置图在先、构造图在后，底层在先、上层在后；同一系列的构配件按类型、编号的顺序编排。如一套完整的建筑施工图内容和顺序为：封面、目录、设计总说明、工程做法、门窗表、计算书、平面图、立面图、剖面图、详图；一套完整的室内装饰施工图纸内容和顺序为：封面、图纸目录、设计说明、设计材料表、灯光表等相关图表、总图、图施、图详、设备等。

二、图线设置

1. 在绘制工程图样时，为方便制图与识图，应根据复杂程度与比例大小，先确定基本线宽 b，再选用表3-4中相应的线宽组进行绘制。图线宽度 b 见表3-4。在同一张图纸内，相同比例的各图样，应选用相同的线宽组。

表3-4 线宽比和线宽组

线宽比	线 宽 组					
b	2.0	1.4	1.0	0.7	0.5	0.35
$0.5b$	1.0	0.7	0.5	0.35	0.25	0.18
$0.25b$	0.5	0.35	0.25	0.18	——	——

注：(1) 需要微缩的图纸，不宜采用0.18mm及更细的线宽。

(2) 同一张图纸内，各不同线宽中的细线，可统一采用较细的线宽组的细线。

2. 图纸的图框线和标题栏线，可采用表3-5的线宽。

表3-5 图框线和标题栏线宽

幅面代号	图框线	标题栏外框线	标题栏分隔线、会签栏线
A0、A1	1.4	0.7	0.35
A2、A3、A4	1.0	0.7	0.35

3. 制图应选用表3-6所示的图线。

4. 规定画法

图线要避免与文字、数字或符号重叠、混淆。同时对于相互平行的图线，其间隙不宜小于其中的粗线的宽度。

虚线、点画线的线段长度和间隔应各自相等。单点长画线或双点长画线的两端不应是点，应当是线段。点画线与点画线交接或点画线与其他图线交接，虚线与虚线交接或与其他图线交接时，都应是线段交接，虚线为实线的延长线时，不得与实线连接。较小图形中绘制单点长画线或双点长画线有困难时，可用实线代替。

表 3-6 常用线型

名称		线型	线宽	一般用途
实 线	粗	——————	b	主要可见轮廓线
	中	——————	0.5b	可见轮廓线
	细	——————	0.25b	可见轮廓线、图例线
虚 线	粗	------	b	见各有关专业制图标准
	中	------	0.5b	不可见轮廓线
	细	------	0.25b	不可见轮廓线、图例线
单点长划线	粗	–·–·–·	b	见各有关专业制图标准
	中	–·–·–·	0.5b	见各有关专业制图标准
	细	–·–·–·	0.25b	中心线、对称线
双点长划线	粗	–··–··–	b	见各有关专业制图标准
	中	–··–··–	0.5b	见各有关专业制图标准
	细	–··–··–	0.25b	假想轮廓线、成型前原始轮廓线
折断线		——⌇——	0.25b	断开界限
波浪线		∿∿	0.25b	断开界限

三、比例

图样的比例,是指图形与实物相对应的线性尺寸之比。比例的大小,是指比值的大小,如 1:50 大于 1:100。画图时根据需要和实际情况可采用按物体实际大小画出,即采用 1:1 的比例,也可采用放大或缩小的比例画出。在一套图中,图幅的比例应尽量统一,且种类以少为好。在装饰设计中,1:1~1:20 的图比一般用于节点大样中;1:10 至 1:50 的图比一般用在立面图中;1:50~1:100 的图比一般用在平面图和顶棚图中;1:100 以上的图比一般用于较大平面图或索引图中。国家制图标准对常用的比例作了规定,如表 3-7 所示。

表 3-7 图样比例

常用比例	1:1	1:2	1:5	1:10	1:20	1:50	1:100	1:150
	1:200	1:500	1:1000	1:2000	1:5000	1:10000		
可用比例	1:3	1:4	1:6	1:15	1:25	1:30	1:40	1:60
	1:80	1:250	1:300	1:400	1:600			

工程图中的各个图形,都应分别注明其比例。比例宜注写在图名的右侧,比例的字高宜比图名的字高小一号或二号,字的底线应取平,如图 3-3 所示。

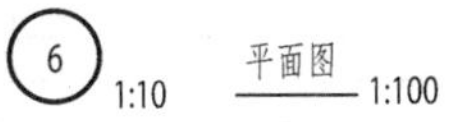

⑥ 1:10　　平面图 1:100

图 3-3

第二节　字体设置与标注尺寸设置

一、字体

在进行装饰工程图的绘制时,除了要选用各种线型来绘制图样外,还要用文字把所绘制的与图样相关的信息表述出来。文字与数字,包括各种符号的注写是工程图的重要组成部分。图纸上所书写的文字应笔画清晰、字体端正、排列整齐,标点符号清楚、正确。对于字体高度,汉字字高不小于3.5mm,数字、字母不小于2.5mm。图中汉字应采用国家正式公布的简化汉字,用长仿宋体书写。字体高度与宽度之比大致为3:2,并一律从左到右横向书写。各类字体写法示范如图 3-4(a)、(b)、(c)所示。

1. 汉字——长仿宋体示范

家具桌椅板凳橱柜物品衣服扶手箱子床垫
软硬高矮上下抽屉制图设计审核校对审批

图 3-4(a)

2. 汉语拼音字母、英文字母示范和希腊文字母示范

注:拉丁字母、阿拉伯数字、罗马数字,如需要写成斜体字,其斜度应是从字的底线逆时针向上倾斜 75°,斜体字的高度与宽度应与相应的直体字相等。

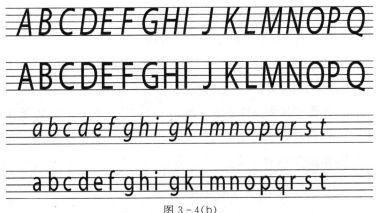

图 3-4(b)

3. 阿拉伯数字示范

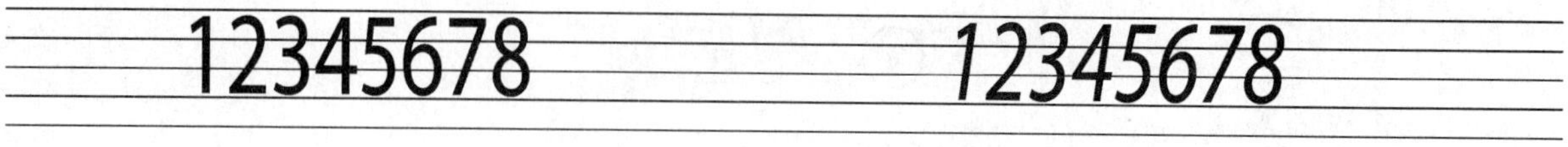

$$12345678 \qquad 12345678$$

图 3-4(c)

二、标注尺寸设置

尺寸标注是图样中十分重要的内容,是说明工程技术问题的重要依据。在绘制工程图样时,必须标注完整的尺寸数据并配以相关设计说明。

1. 尺寸标注组成

在图纸中,完整的尺寸标注包括尺寸界线、尺寸线、尺寸起止符号及尺寸数字四部分内容。尺寸界线、尺寸线均用细实线绘制,起止符号用中粗斜短线绘制,如图 3-5 所示。

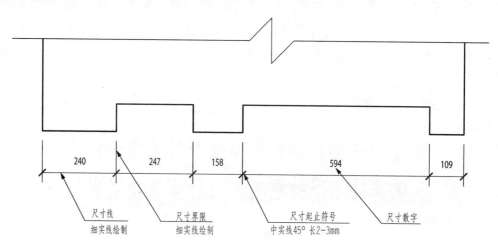

图 3-5

(1)尺寸线应与被注长度平行。图样本身的任何图线均不得用作尺寸线。尺寸线与图样最外轮廓线的距离不宜小于 10mm,平行排列的尺寸线间距,宜为 7~10mm,并应保持一致。

(2)尺寸界线应用细实线绘制,一般应与被注长度垂直,其一端应离开图样轮廓线不小于 2mm,另一端宜超出尺寸线 2~3mm。图样轮廓线可用作尺寸界线。

(3)尺寸起止符号表示所注尺寸范围的起止。其倾斜方向应与尺寸界限呈顺时针 45°角。长度为 2~3mm。半径、直径、角度及弧长的尺寸起止符号,宜用箭头表示。

(4)尺寸数字,在同一张图中其大小应尽量一致。尺寸数字的注写方向由所标注的尺寸线位置确定:当尺寸线为水平方向时,尺寸数字标注在尺寸线的上方;当尺寸线为垂直方向时,尺寸数字注写在尺寸线的左侧,字头朝左,如图 3-6 所示。

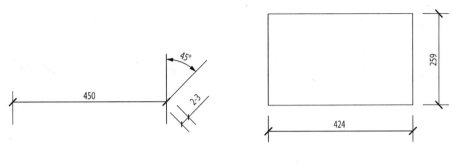

图 3 - 6

2. 尺寸排列与布置

(1)尺寸宜标注在图样轮廓线以外,不宜与图线、文字、符号相交,如标注在图样轮廓线以内时,尺寸数字处的图线应断开。图样轮廓线也可用作尺寸界限。

(2)相互平行的尺寸线的排列,宜从图样轮廓线向外,先小尺寸和分尺寸,后大尺寸和总尺寸,如图3-7所示。

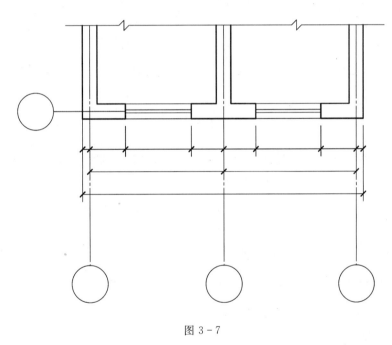

图 3 - 7

(3)任何图线应尽量避免穿过尺寸线和尺寸数字。如不可避免时,应将尺寸线和尺寸数字处的其他图线断开。

三、其他尺寸标注设置

1. 角度的标注,以角的两条边为尺寸界限,角度的尺寸线应以圆弧表示,该圆弧的圆心应是该角的顶点,起止符号用箭头表示。角度数字应按水平方向注写,如图3-8所示。

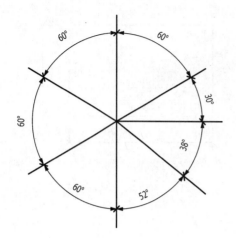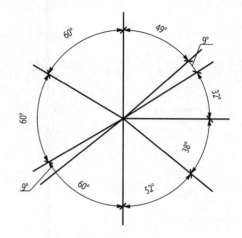

图 3-8

2. 圆和大于半圆的圆弧均标注直径,直径数字前应加直径符号 φ,如图 3-9 所示。

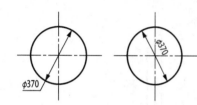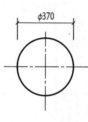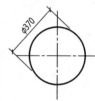

图 3-9

3. 半圆弧和小于半圆的圆弧均标注半径。半径尺寸数字前应加注半径符号"R"。半径尺寸线应通过圆心,长度可长可短,见图 3-10、图 3-11。

4. 在标注球体的半径尺寸时,在尺寸数字前加注符号"SR"。标注球体的直径尺寸时,在尺寸数字前加注符号"Sφ"。如图 3-12 所示。

5. 标注圆弧的弧长时,尺寸线应用该圆弧同心的圆弧线表示,尺寸界限应垂直于该圆弧的弦,起止符号用箭头表示,弧长数字上方应加注圆弧符号"⌒",如图 3-13 所示。

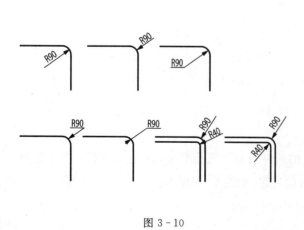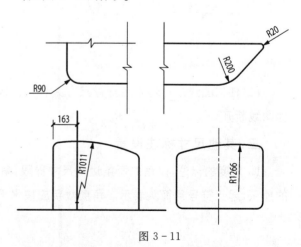

图 3-10

图 3-11

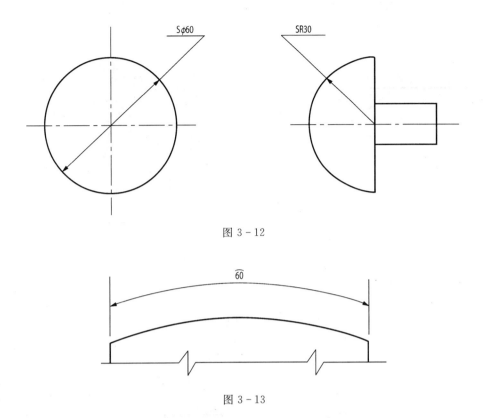

图 3 - 12

图 3 - 13

6. 对称图形尺寸注法:如对称图形(包括半剖视图)未画完全或只画出一半时,该对称图形的尺寸线应略超过对称线,仅在尺寸线的一段画起止符号,尺寸数字应按整体全尺寸注写,如图 3 - 14 所示。

7. 倒角的标注可按图 3 - 15 进行标注,其中 45°倒角可一次引出标注。如图 3 - 15 所示。

8. 矩形断面尺寸可以用一次引出方法标注。注意,应把引出一边尺寸写在前面,以避免两个尺寸大小相近时造成误解。如图 3 - 16 所示。

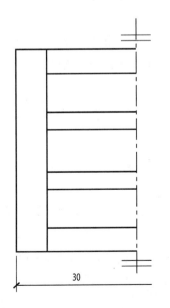

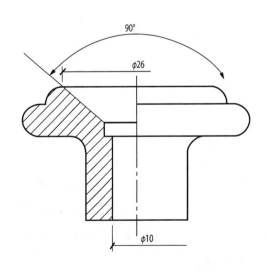

图 3 - 14

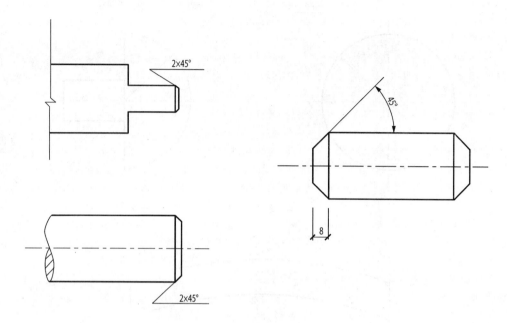

图 3 - 15

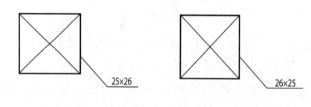

图 3 - 16

四、尺寸标注的深度设置

工程图样的设计制图应在不同阶段和不同比例绘制时,均对尺寸标注的详细程度做出不同的要求。这里我们主要依据建筑制图标准中的"三道尺寸"进行标注,主要包括外墙门窗洞口尺寸、轴线间尺寸和建筑外包总尺寸。

1. 总尺寸在底层平面中是必不可少的,当平面形状较复杂时,还应当增加分段尺寸,如图 3 - 7。

2. 在其他各层平面中,外包总尺寸可省略或标注轴线间总尺寸。

3. 在屋面中可以只标注端部和有变化处的轴线号以及其间的尺寸。重复标注,反而显得繁杂和重点不突出。

4. 门窗洞口尺寸和轴线间尺寸要分别在两行上各自标注,门窗洞口尺寸也不要与其他实体尺寸混行标注。例如,墙厚、雨篷宽度、踏步宽度等应就近实体另行标注。

5. 当上下或左右二道外墙的开间及洞口尺寸相同时,可只标注上或下(左或右)一面尺寸及轴线号。

第三节 符号设置

一、剖切符号

剖切符号分为用于剖面或断面两种。剖面剖切符号由剖切位置线与剖视方向线组成,以粗实线绘制。剖切位置线长 6～10mm,剖视方向线长 4～6mm。在图中,剖面剖切符号不宜与图面上的图线相接触。剖切符号中的编号,应用阿拉伯数字注写在剖示方向线的端部。按从左至右、由上至下的顺序编排。断面剖切符号除与剖面剖切符号有一定的共性外,只用剖切位置线表示。它的编号应注写在剖切位置线的一侧,编号所在的一侧为该断面的剖示方向,如图 3-17 所示。

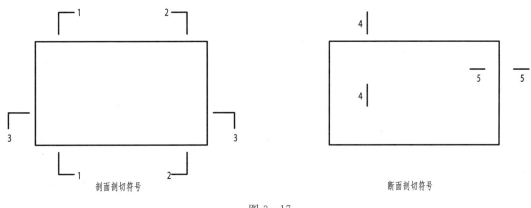

剖面剖切符号　　　　　　　　　断面剖切符号

图 3-17

1. 建筑物剖面图的剖切符号宜注写在±0.000 标高的平面图上。

2. 断面的剖切符号应只用剖切位置线来表示,并应以粗实线绘制,长度为 6～10mm。

3. 剖面图或断面图,如与被剖切图样不在同一张图内,可在剖切位置线的另一侧注明其所在图纸的编号,也可以在图上集中说明。

二、索引符号

1. 在工程图样的平、立、剖面图中,由于采用比例较小,对于工程物体的很多细部(如窗台、楼地面层、泛水等)和构、配件(如栏杆扶手、门窗、各种装饰等)的构造、尺寸、材料、做法等无法表示。因此,为了施工的需要,常将这些在平、立、剖面图上表达不出的地方用较大比例绘制出图样,这些图样称为详图。详图可以是平、立、剖面图中某一局部放大(大样图),也可以是某一断面、某一建筑的节点(节点图)。

为了在图面中清楚地对这些详图编号,需要在图纸中清晰、条理地表示出详图的索引符号和详图符号。详图索引符号的圆及直径均应以细实线绘制,圆的直径应为 10mm,如图 3-18 所示。

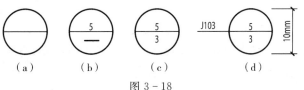

(a)　　　　(b)　　　　(c)　　　　(d)

图 3-18

2. 索引符号的应用要符合下列规定。

(1)所引出的详图,如与被索引的详图在同一张图纸内,应在索引符号的上半圆内用阿拉伯数字注明该详图的编号,并在下半圆中间画一条水平粗实线,如图 3-19(c)所示。

(2)索引出的详图,如与被索引的详图不在同一张图纸内,应在索引符号的上半圆中用拉伯数字注明该详图的编号,并在下半圆中用阿拉伯数字注明该详图所在的图纸的编号,如图 3-19(a)所示。数字较多时可加文字标注。

(3)所引出的详图,如采用标准图,应在索引符号水平直径的延长线上加注该标准图册的编号,如图 3-19(d)所示。

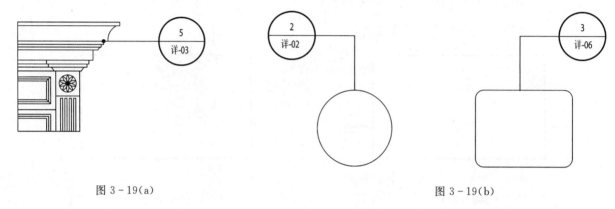

图 3-19(a)　　　　　　　　　　　　　　图 3-19(b)

(4)索引符号在使用中如图 3-19(a)。针对不同的工程图样还可以延伸出其他的形式,如在室内装饰施工图中经常会用到图 3-19(b)的形式。由细实线的引出圈和索引符号构成。

(5)索引符号如用于索引剖示详图,应在被剖切的部位绘制剖切位置线,并以引出线引出索引符号,引出线所在的一侧应为投射方向。剖切位置线长度为 10mm。索引符号的编写应符合上述规定,如图 3-19(c)。在室内装饰施工图中也会使用到如图 3-19(d)的扩展形式。

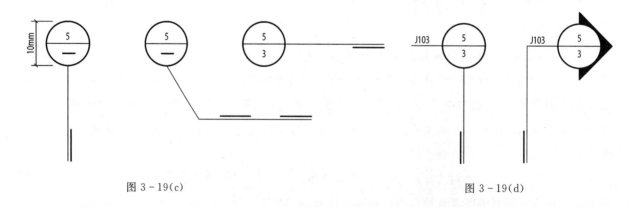

图 3-19(c)　　　　　　　　　　　　　　图 3-19(d)

三、详图符号

被索引详图的位置和编号,应以详图符号表示。圆用粗实线绘制,直径为 14mm,圆内横线用细实线绘制。详图应按下列规定编号:

1. 详图与被索引的图样在同一张图纸内时,应在详图符号内用阿拉伯数字注明详图的编号,如图3-20(a)。

2. 详图与被索引的图样不在同一张图纸内时,应用细实线在详图符号内画一水平直线,在上半圆中注明详图编号,在下半圆中注明被索引的图纸的编号,如图3-20(b)。

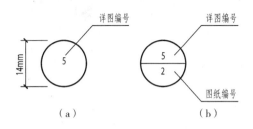

图3-20

四、内视符号

为表示室内立面在平面上的位置,应在平面图中用内视符号注明视点位置、方向及立面的编号(图3-21)。立面索引符号由直径为8~12mm的圆构成,以细实线绘制,并以三角形为投影方向。圆内直线以细实线绘制,上半圆内用字母表示立面编号,下半圆表示图纸所在位置。在实际应用中也可扩展灵活使用,如图3-21(d)。图3-22为立面索引符号在平面中的应用。

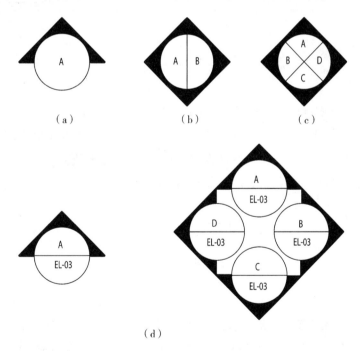

图3-21

注:(a)单面内视符号;(b)双面内视符号;(c)四面内视符号(d)索引符号的扩展使用。

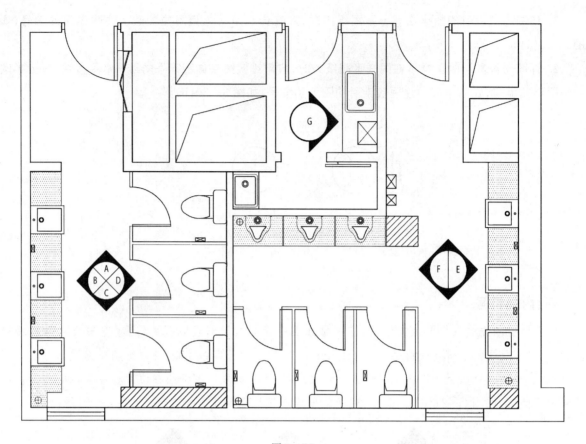

图 3-22

五、图标符号

图标符号是用于表示图样的标题符号,如图 3-23 所示。这种形式主要用于可以索引的图号,如剖立面图、立面图、断面图、节点图、大样图的表达。圆圈的直径为 12mm(A3/A4)和 14mm(A0/A1/A2)。水平直线为粗实线,粗实线的上方是图名,右部为比例。图名的文字设置为 6mm(A0/A1/A2)和 5mm(A3/A4),比例数字为 4mm(A0/A1/A2)和 3mm(A3/A4)。

图 3-23

六、引出线

在绘制工程图时,为保证图样的清晰和条理,对各类索引符号、文字说明、材料标注等都采用引出线来连接。引出线应以细实线绘制,宜采用水平方向的直线、与水平方向成 30°、45°、60°、90°的直线,或经上述角度再折为水平线。文字说明宜注写在水平线的上方[图 3-24(a)],也可写在端部[图 3-24(b)]。索引详图的引出线,应与水平直径线相连接,同时引出几个相同部分的引出线,宜互相平行,也可以画成集中于一点的放射线。[图 3-24(c)(d)]

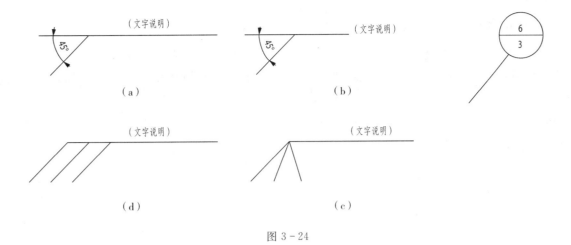

图 3 - 24

多层构造或多层管道共用引出线，应通过被引出的各层，说明文字顺序由上至下，并应与被说明的层相一致。如果层次为横向排序，则由上至下的说明顺序应与左至右的层次一致，对于复杂的构造，为使引出线的指示更加明确，可用小圆点、箭头等符号指示物体，如图 3 - 25 所示。在一套图纸中通常只采用一种指示符号。

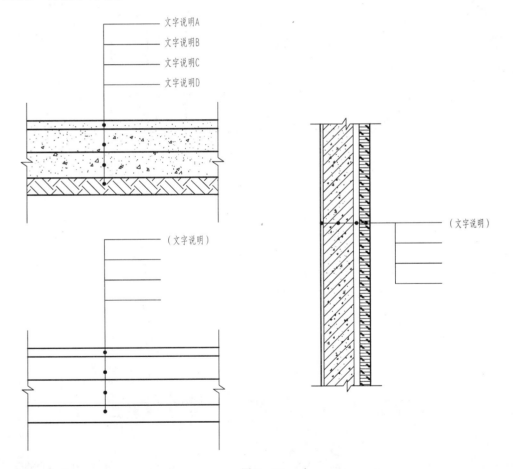

图 3 - 25

七、定位轴线

确定房屋中的墙、柱、梁和屋架等主要承重构件位置的基准线,叫定位轴线。它是结构计算、施工放线、测量定位的依据。定位轴线用细点画线绘制,定位轴线编号的圆圈用细实线绘制,定位轴线圆的圆心应在定位轴线的延长线上或延长线的折线上。轴线编号通常标在平面图和顶棚图的下方或右侧,图形需要时,上下左右均可标注轴线编号。水平方向的定位轴线的编号采用阿拉伯数字,由左向右编写。垂直方向则采用拉丁字母,由下向上注写,其中 I、O、Z 三个字母不得使用,以免和数字产生混淆。若字母数量不够使用,可增用双字母或单字母加数字注脚。如图 3-26 中,不仅包含一般平面的定位轴线的编号注法,还包含对折线形平面轴线编号的注法。

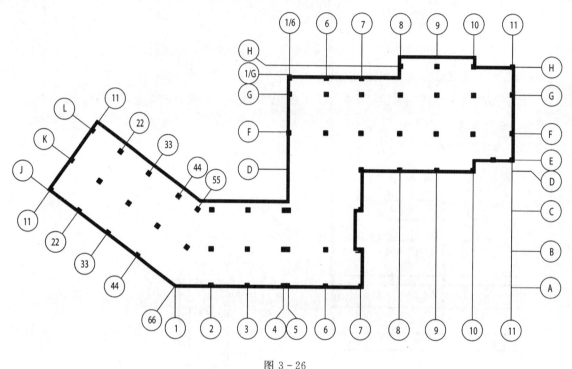

图 3-26

八、标高

标高是标注建筑物高度的一种尺寸标注形式。其标注形式有如下规定:

1. 标高符号应以直角等腰三角形表示,用细实线绘制,如图 3-27(a)。如标注位置不够,可按图 3-27(b)所示形式绘制。标高符号的具体画法如图 3-27(c)、(d)所示。

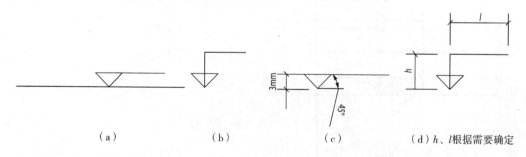

（a） （b） （c） （d）h、l根据需要确定

图 3-27

2. 标高符号的尖端应指至被注高度的位置,尖端一般应向下,也可向上。标高数字应注写在标高符号的左侧或右侧,标高数字应以米为单位,注写到小数点后第三位,如图 3 - 28 所示。

3. 零点标高应注写成正负 0.000,正数标高不注"+",负数标高应注"-",例如:3.000,-0.600。

4. 在图样的同一位置需表示几个不同标高时,标高数字可按图 3 - 29 所示的形式注写。

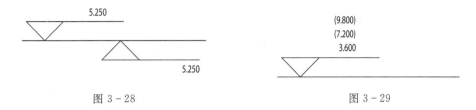

图 3 - 28　　　　　　　　　　　　　　　　图 3 - 29

标高有绝对标高和相对标高之分。绝对标高是以青岛附近的黄海平均海平面为零点,以此为基准确定的标高。在实际施工中,用绝对标高不方便。因此,习惯上把房屋底层的室内主要地面高度定为零点,以此为基准的标高叫相对标高。

房屋的标高,还有建筑标高和结构标高的区别。建筑标高是指建筑完工后的标高;结构标高是指毛面标高。

九、特殊符号

1. 对称符号与连接符号

建筑设计制图中的对称符号和连接符号的表达方式同样适用于装饰设计制图。对称符号用细实线绘制,平行线的长度宜为 6~10mm,平行线的间距宜为 2~3mm,平行线在对称线两侧的长度应相等。连接符号应以折断线表示需连接的部位,以折断线两端靠图样的一侧用大写拉丁字母表示连接编号。两个被连接的图样,必须用相同的字母编号,如图 3 - 30 所示。

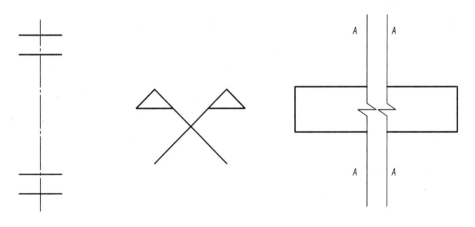

图 3 - 30

2. 指北针

用细实线绘制,直径为 24mm,指北针尾部宽约 3mm。指针头部应注"北"或"N"字。需要较大直径绘制时,尾部宽度宜为直径的 1/8,如图 3 - 31 所示。

3. 坡度符号,如图 3-32(a)为立面坡度符号,图 3-32(b)为平面坡度符号的表示方法。

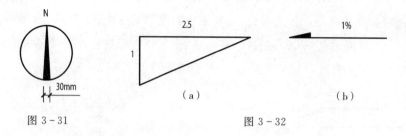

图 3-31

图 3-32

思考与练习

1. 什么是比例? 工程图中常用比例有哪些? 可用比例有哪些?

2. 什么是内视符号? 如何使用?

3. 什么是绝对标高? 标高的标注形式有哪几种?

4. 什么是详图索引符? 怎么引出? 如何标注?

5. 说明对称符号、连接符号及指北针的画法与用途。

6. 什么是定位轴线? 定位轴线的作用是什么?

第四章 装饰工程图

▶ 学习目标：

掌握装饰工程设计流程、装饰工程图的种类以及装饰工程图的画法。

▶ 学习重点：

装饰工程图绘图要点；图纸绘制顺序；装饰平面图、顶棚平面图、装饰立面图以及详图的画法和特点。

▶ 学习难点：

装饰详图的理解及画法。

　　装饰工程图是室内设计的结果，也是指导装饰工程施工的依据。装饰设计就其空间范围而言，包括室内装饰设计与室外装饰设计，也就是人们常说的内装修设计与外装修设计。本章主要从室内设计角度来讲解装饰工程图的基本知识。

　　室内装饰设计涵盖的内容相当广泛，既包含现代工程领域中的技术设计，又包含美学艺术领域中形象创作设计。总之，它是一种以建筑技术为基础，以美学艺术为表现形式的工程设计，同时它也是一种精神与物质并重、人与自然和谐统一的家居环境的创造。正由于室内装饰工程包括的内容非常广泛，因此对不同装饰内容也就有着不同的定义与名称，诸如室内装饰、室内装修、室内装潢等许多叫法。其实这些叫法实质是对不同的装饰内容的更严格的界定，但是单就表现这些装饰内容的图样而言，则无需仔细区分，可统称或泛称为室内装饰工程图。

▶ 第一节 基本知识

一、室内设计与建筑装饰工程图

　　装饰设计一般是在已建成的房屋中进行二次装修设计，当然也是在新建房屋建筑设计初装修的基础上继续深入进行的精装设计。

　　室内装饰设计与建筑设计类似，也是分阶段进行且不断深入完成的。装饰设计中各个阶段也都有其相应的工程图样，以满足不同的使用要求，如初步设计阶段用设计草图来表现装饰设计的创意与构思，用彩色效果图来表现装饰的风格与韵味，这些图样都是为论证装饰设计的可行性、比较设计方案的优劣并为招投标或审批等事宜提供技术资料。在正式设计阶段即施工设计阶段所绘制的图样为装饰工程施工图,统称"饰施"。"饰施"工程图是保证装饰工程施工的可行性与经济性,同时也是确保装饰设计构想与风格创意的实现,因此要求建筑装饰施工图必须表达完整、尺寸齐全,材料质量、环保性能以及施工工艺要求等相关内容,均应说明详细且具体可行。

装饰施工图既是指导装饰工程施工的依据,也是编制装饰工程预算的依据,因此装饰工程图必须在注重实用性、艺术性的同时注重装修工程的经济性。另外,由于室内设计对装饰工程艺术性的刻意追求,因此在表现装饰设计的施工图时也都加画配景甚至阴影,以彰显设计的意境与效果,并且还使用彩色效果图辅助说明。这样的表现手法与初步设计阶段的表现手法基本相同,因此在一些装修级别不高的工程中,有时也用初步设计中的图样来指导施工。这种现象说明在装修工程中并不强调区分图纸的阶段属性,只要能满足施工要求即可。鉴于此,下面将要介绍的装饰工程施工图,均概括为装饰工程图。

二、装饰工程图类型简介

由于室内装饰设计涉的内容非常广泛,其表现的形式也是多种多样,加之装饰设计在我国起步较晚,所以到目前为止,装饰工程图样尚没有一部单独的统一的国家标准。现行装饰工程图样一般多是套用《建筑制图国家标准》,但是许多情况下,还是由设计者按自己的习惯与爱好进行绘制,反映在装饰工程图样中,就是如名称、术语、图例、符号等极不统一,也极不规范。为此,在即将讲述的装饰工程图样中,力求全面反映现行装饰工程图样名称、类型及相关概念。下面先就装饰设计中所编写的文件与所绘制的基本图样加以介绍。

1. 装饰设计中的相关文件

(1)装修工程招投标文件及委托协议书;

(2)装修工程项目清单及工程预算书;

(3)装修材料清单及使用说明;

(4)装修等级、装饰风格及装修设计要求说明等。

上述这些基本文件是装饰设计的依据,同时也是不可缺少的技术资料。

2. 装饰设计中的基本工程图样

(1)装饰平面图(简称平面图),包括:

平面布置图、天花平面图、地面铺装图、立面索引图。

(2)装饰立面图(简称立面图),包括:

立面布置图与立面展开图。

(3)装饰详图,包括两种类型:

节点构造装修详图和重点部位艺术装饰详图。

(4)立体效果图,包括:

透视效果图和轴测图等立体图。

3. 配套专业设备工程图

(1)电气设备工程图,包括:

照明用电布线图、控制开关及插座布置图等。

（2）给水排水设备工程图，包括：

给水排水管网图、消防系统图等。

（3）供热、制冷及燃气设备图，主要包括：

管网系统图及相关设备装饰工程图。

以上较全面介绍了室内设计中涉及的各种装饰工程图样。但是应说明，在实际设计中究竟选取哪些图样还要视具体情况而定，并不是要将以上所列举图样一一绘出，相反应尽力将功能相近的图样合并以减少绘图工作量。

三、装饰工程图的特点

装饰工程图从本质上讲仍属于建筑施工图，其表达方法、绘图原理也多沿用建筑施工图的做法。但是由于装饰工程图与建筑施工图表现的重点与对象不同，所以在表达方式、绘图要求等方面也就有一定差别。下面就绘制与阅读装饰工程图时值得注意的一些特点与差别作简单介绍。

1. 装饰工程图表现的对象是以一个房间内部表面装修状况为重点，而建筑施工图则是以表现整个建筑物的构造为重点，故两者表现的对象目标不同，画图的重点内容就不相同。

2. 室内装饰设计是以某一房间为设计主体，不同房间有着不同的装饰方案，所以装修的房间数量越多，则所需图样也就越多，而建筑施工图用图数量相对固定不变。

3. 室内装饰设计一般是对已建成房屋进行二次装修设计，因此装修之前需先进行实测，并根据实测建筑施工图进行装修设计。由于实测时对原房屋结构、材料、轴线编号以及标高等资料不甚了解，故在装饰工程图中上述内容可以省略，但是当用"建施"直接进行装修设计时，上述内容则不可省略。同样当装修面积大，柱网布置较复杂时，为了便于施工也可在实测图中加上柱网编号。

4. 在室内设计时如不清楚建筑标高，则在所绘制的装饰工程图中应尽力不使用标高尺寸；必须使用时可采用参考标高。参考标高是以装修完成后楼地面为高度基准（即±0.000）所标注的标高尺寸。

5. 在装饰工程图中，有时一些尺寸可在现场视施工情况来确定，有些尺寸也可以不注。

6. 由于装饰工程图需要表现房间装修后的装饰效果，因此不论是初步设计还是施工设计都要画立体效果图，并且允许在平、立、剖面图中加画阴影及配景用来烘托装饰效果。这种做法在建筑施工图中则不允许。

7. 装饰工程图中所示意的家具摆设等物品，只是设计者为用户提供的一种设想，实际使用时用户则可以按自己的兴趣重新选购与摆放。

8. 装饰工程图只表现装修房间的装修内容，而与其相邻的其他房间，无论是否相连均不予表现。

以上是装饰工程图与建筑施工图的一些重要差别，可供日后制图与识图时借鉴。

▶ 第二节 装饰设计基本工程图样

一、设计图纸的编排次序

整套室内装饰设计工程图纸的编排次序一般为：设计说明（或施工说明）、图纸目录、效果图、平面图、顶棚平面图、立面图、详图。遵循总体在先、局部在后，底层在先、上层在后，平面图在先、立面图随后的原则,依据总图索引指示顺序编排。材料表、门窗表、灯具表等备注通常放在整套图纸的尾部。

二、设计说明书和施工说明书

建筑设计的施工图和施工说明大多数可以套用标准图集和标准施工说明。装饰设计图目前尚无标准的施工图集和施工说明可以套用,因此装饰设计的施工图和施工说明则需要根据具体情况确定要表达的内容。

1. 设计说明书

设计说明书是对设计方案的具体解说,通常应包括:方案的总体构思、功能的处理、装饰的风格、主要用材和技术措施等。装饰设计说明书的形式较多,归纳起来大体有三种:一是以总体设计理念为主线展开;二是以各设计部位的设计方法为主线展开;三是在说明总体设计理念的同时,又说明各部位的设计方法。有的设计说明还包括引用的设计的规范、依据等。装饰设计的内容一般都是根据建设方和招标的要求或设计单位的习惯而定。

装饰设计说明的表现形式,有单纯以文字表达的,也有用图文结合的形式表达的。在现行招标中,使用较多的是图文结合的形式。

2. 施工说明书

装饰施工说明书是对装饰施工图设计的具体解说,用以说明施工图设计中未标明的部分以及设计对施工方法、质量的要求等。

三、图纸目录

一套完整的装饰工程图纸,数量较多,为了方便阅读、查找、归档,需要编制相应的图纸目录。图纸目录又称为"标题页",它是设计图纸的汇总表。图纸目录一般都以表格的形式表示。图纸目录主要包括图纸序号、工程内容等。如图4-1所示。

项目名称:某办公空间装饰工程 设计单位:某设计院 设计编号:1000178

序　号	图　　名	图　号	图纸幅面
1	一层走道立面图(一)	E01-17	A1
2	一层走道立面图(二)	E01-18	A1
3	一层走道立面图(三)	E01-19	A1
4	一层走道立面图(四)	E01-20	A1
5	一层走道及主任办公室立面图	E01-21	A1
6	一层办公门厅及电梯间立面间	E01-22	A1
7	一层卫生间立面图	E01-23	A1
8	一层电梯间放大样图	F01-01	A1

图4-1　图纸目录

四、室内装饰平面图

由于表达的目的与要求不同,因而也就形成了一些不同内容、不同画法的装饰平面图。常用的有:

1. 平面布置图

有时也简称平面图。

(1)平面布置图的形成

我们假想有一个水平剖切平面,在窗台上方把整个房屋剖开,并揭去上面部分,然后自上向下看去,在水平剖切面上所显示的正投影,就可称之为平面图。如图4-2所示。

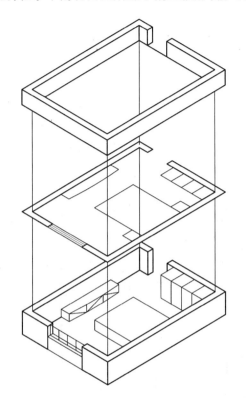
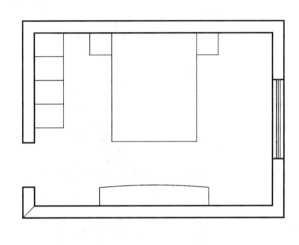

图4-2

(2)平面布置图的内容、画法

如图4-3所示,平面布置图主要是反映室内空间各种物体的平面关系,是装饰设计思想的重要体现。通过平面布置图中固定设施的设置和可动的家具、家电等在房间内的摆放情况,可以看出各个房间的使用功能及其合理性。

平面布置图中的各种家具、家电及设备应按与平面图相同比例绘出其水平投影外形轮廓示意表达,其尺寸不必标注。

在平面布置图中应标明门窗的位置及开启范围,而门窗类型、编号可不标注。在平面布置图中如房间内部做有隔墙或隔断等分隔时,应给出分隔墙体的位置及尺寸,但轴线及编号可省略。

在平面置图中还应标明室内各种绿化设计构想,如花卉、树木、盆景、雕塑以及水体等布置状况。此外,当地面铺装要求不太复杂时(地面装修用材不多,地面高度变化不复杂),可直接在平面布置图中标明地面装修做法,而不再另画地面铺装图。

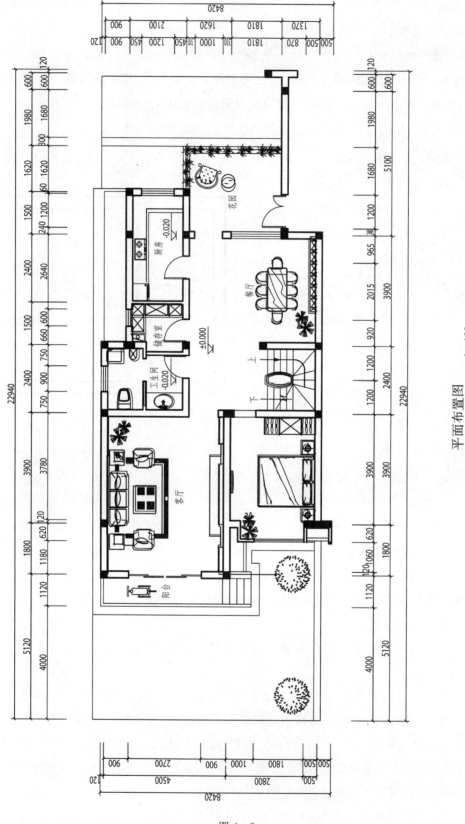

平面布置图

1 : 100

图 4-3

2. 顶面布置图

顶面布置图简称天花图,也称顶棚平面图或吊顶平面图等。

(1)顶面布置图的形成

我们设想与顶棚相对的地面为整片的镜面,顶面的所有形象都可以映射在镜面上,这镜面就是投影面,镜面呈现的图像就是顶面的正投影图。这样绘制的顶面平面图的图法叫镜像视图法,如图4-4所示。用此方法绘出的顶面平面图像,其纵横排列与平面图完全一致,便于相互对照,更易于清晰识读。

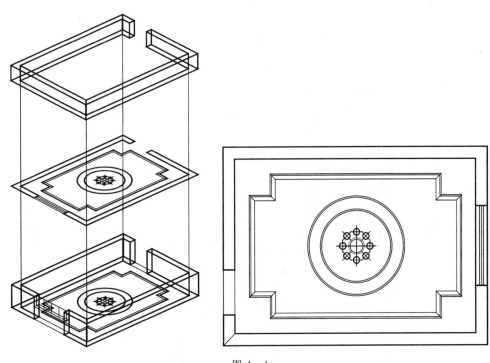

图4-4

(2)顶面布置图的内容、画法及用途

顶面布置图主要是用于表明顶棚装修形式、材料、做法,并表明棚面上各种灯具的位置、类型、数量以及安装方式。具体内容包括两类:

① 顶面布置图

表达出剖切线以上的建筑与室内空间的造型及其关系;表达出平顶上该部分的灯具图及其他装饰物(不注尺寸);表达出窗帘及窗帘盒;表达出门、窗洞口的位置(无门窗表达);表达出检修口等设备安装(不注尺寸);表达出平顶的标高关系。如图4-5所示。

② 顶面装修尺寸图

表达出剖切线以上的建筑与室内空间的造型及其关系;表达出详细的装修、安装尺寸;表达出平顶的灯具图例及其他装饰物,注明尺寸以及距离墙体的尺寸,用来为灯具定位;表达出窗帘、窗帘盒及窗帘轨道;表达出门、窗洞口的位置;表达出检修口等设备安装(需标注尺寸);表达出平顶的装修材料及造型排列图样;表达出平顶的标高关系。如图4-6所示。

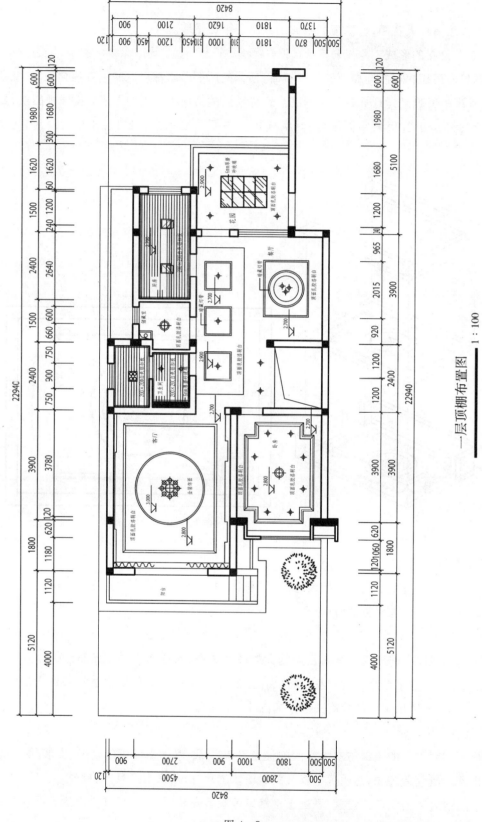

一层顶棚布置图　1:100

图 4-5

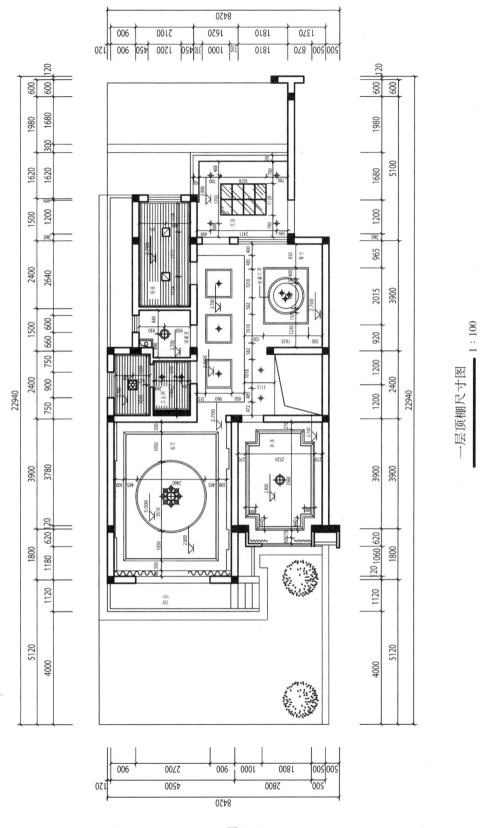

一层顶棚尺寸图 1：100

图 4 - 6

另外,在装饰设计和施工中为了协调水、电、空调、消防等各种工种的布点定位,可绘制出顶棚综合布点图,将灯具、喷淋头、风口和顶棚造型的位置都标注清楚。顶棚综合布点图的设计原则为:一是不违反各种规范要求;二是各布点不能发生冲突,要做到造型美观。顶棚综合布点图一般都由装饰设计师完成。

3. 地面铺装图

地面铺装图也称地花图或称地面拼花图。

(1)地面铺装图的形成

地面铺装图实质上是地面装修完成后的水平投影图。当地面装修比较简单,如地面和装修类型较少且没有高低变化时就可由平面布置图代替。当地面有拼花花饰时,则不论地面装修类型多少、地面高低是否改变,均应画出地面铺装图,至少也要绘制局部地面铺装图或花饰大样图。

(2)地面铺装图的内容、画法

地面铺装图主要是用来表现地面装修类型,如贴地砖、铺木地板、砌石材等各种地面做法及其敷设范围;同时地面铺装图中还必须表明地面高差变化的大小及变化范围,对地面高低变化值,一般用参考标高注明,也可用文字注解说明,如图4-7所示。

当地面铺装做有花饰图案时,应在地面铺装图中绘出花饰图案并注明相关几何尺寸与色彩;花饰图案造型较复杂时,还应另画大样图,如图4-8所示。

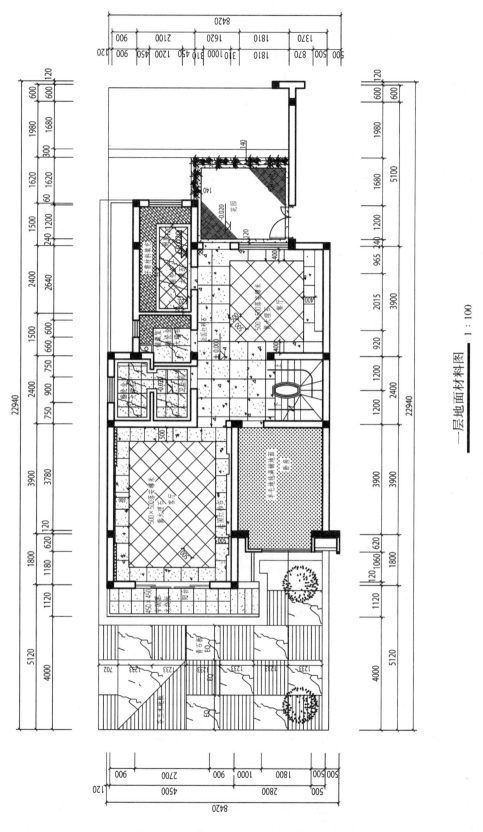

一层地面材料图 1：100

图 4-7

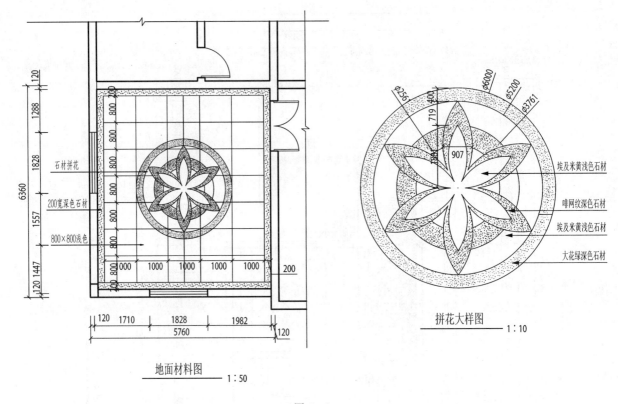

图 4 - 8

4. 立面索引图

在平面布置图中一般应该标明形成立面图的立面名称、位置与投射方向。同时还必须给出可表明装修墙面名称与方位的内视符。如图 4 - 9 所示。

五、室内装饰立面图

室内装饰立面图是表现室内墙面装饰装修及墙面布置的图样,除了画出固定墙面装修外,还可以画出墙面上可灵活移动的装饰品,以及地面上陈设家具等设施。

1. 室内立面图的形成

室内立面图是平行于室内各方向的垂直界面的正投影图,图 4 - 10 为室内某一方向的立面图。

2. 室内立面图的内容,画法

表达出被剖切后的建筑及装修的断面形式(墙体、门洞、抬高地坪、装修内包含空间、吊顶背后的内含空间);表达出在透视方向未被剖切到的可见装修内容和固定家具、灯具造型及其他设施;表达出施工尺寸及标高;表达出节点剖切索引号、大样索引号;表达出装修材料及说明;若没有单独的陈设立面图,则在本图上表示出活动家具、灯具等立面造型,如图 4 - 11,图 4 - 12。如有需要可以表示出这些内容的索引编号。

3. 立面图的命名

对立面图的命名,平面图中无轴线标注时,可按视向命名,在平面图中标注所视方向,如 A 立面图或以内视符号内所注数字为图标命名,如图 4 - 12。另外也可按平面图中轴线编号命名,如 B - D 立面图等。

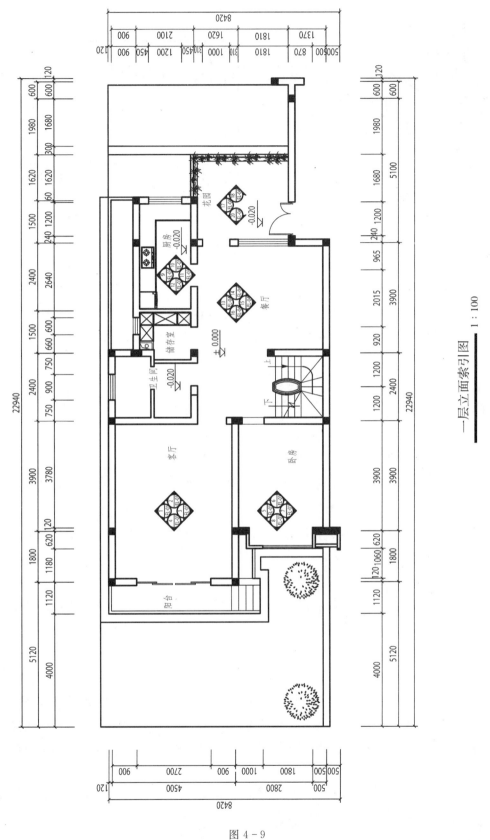

一层立面索引图 1:100

图 4-9

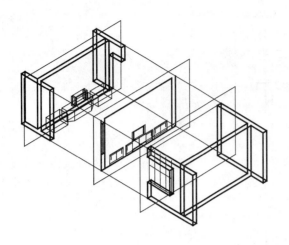
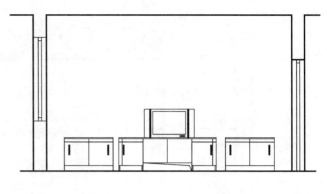

图 4 - 10

六、装饰详图

房间的装修标准越高,所需的装饰详图数量越多。装饰详图根据表达内容性质的不同可分为两大类型:一种是着重表现装饰节点内部构造与做法的详图,称为装饰构造详图;另一种是着重表现节点艺术形象的详图,称为装饰艺术详图。

1. 局部装饰剖面图

(1)局部剖面图的形成

局部装饰剖面图是用局部剖视来表达局部节点的内部构造。

(2)局部剖面图的内容、画法

局部剖面图主要是用来表现装饰节点处的内部构造。房间装饰的部位很多时,只要需要便可画剖面图。由于局部剖面图都是作详图用,所以画图比例较大,且用详图索引符给出剖面图的名称。局部剖面图一般要与其他图样共同表现装饰节点。如图 4 - 13 所示。

2. 装饰节点构造详图

(1)一般画法要求

节点构造详图是装饰工程施工的依据,一般均用较大比例绘出,并用节点的平、立、剖面图共同表达,对有些构造复杂的节点有时还要绘出直观图加以辅助说明。装饰详图欲达到指导装饰施工的目的就必须做到"三全":图形表达全,尺寸标注全,材料及工艺要求说明全。

(2)常用构造装饰详图

在装饰工程中常见的构造详图有:地坪构造详图,内墙构造详图,吊顶构造详图,单柱构造详图,隔断花格构造详图,壁炉、壁龛构造详图及门窗构造详图等。图 4 - 14 给出一组构造详图实例。通过对这组实例的观察与分析,可进一步明确装饰详图的表达方式与表达深度,并可作为绘制装饰工程图样的参考。

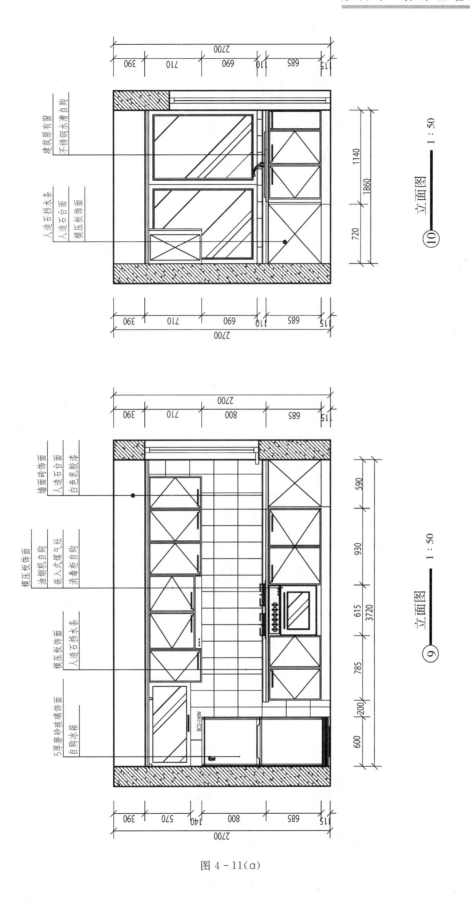

图 4-11(a)

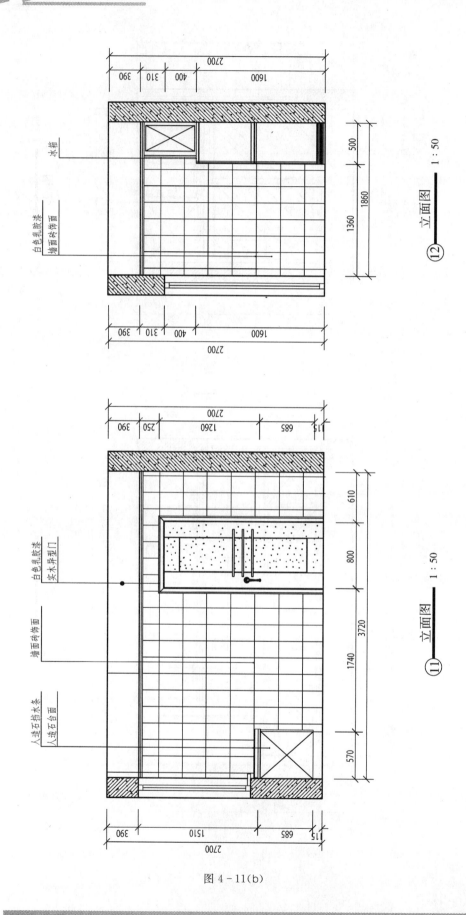

图 4-11(b)

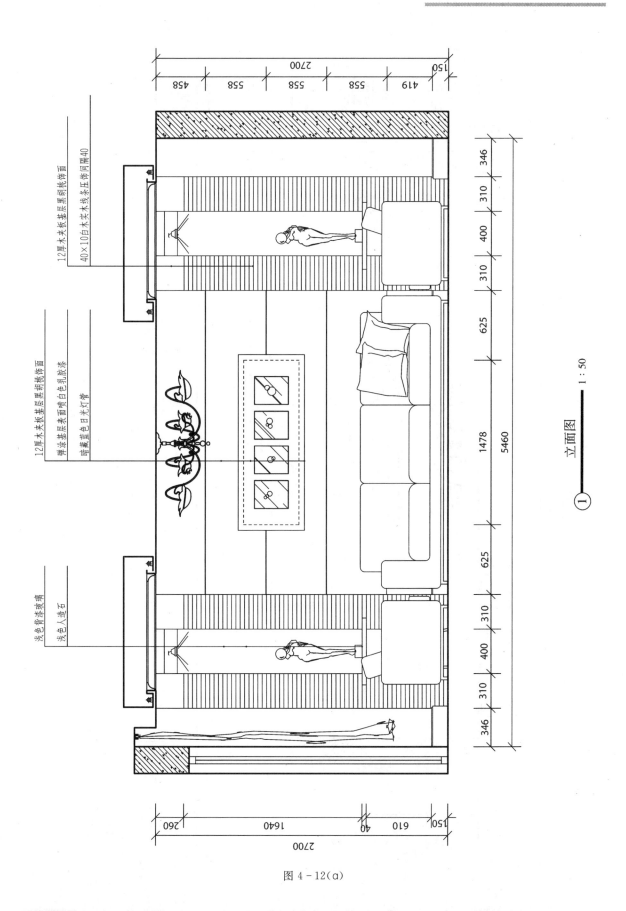

立面图

1 1 : 50

图 4-12(a)

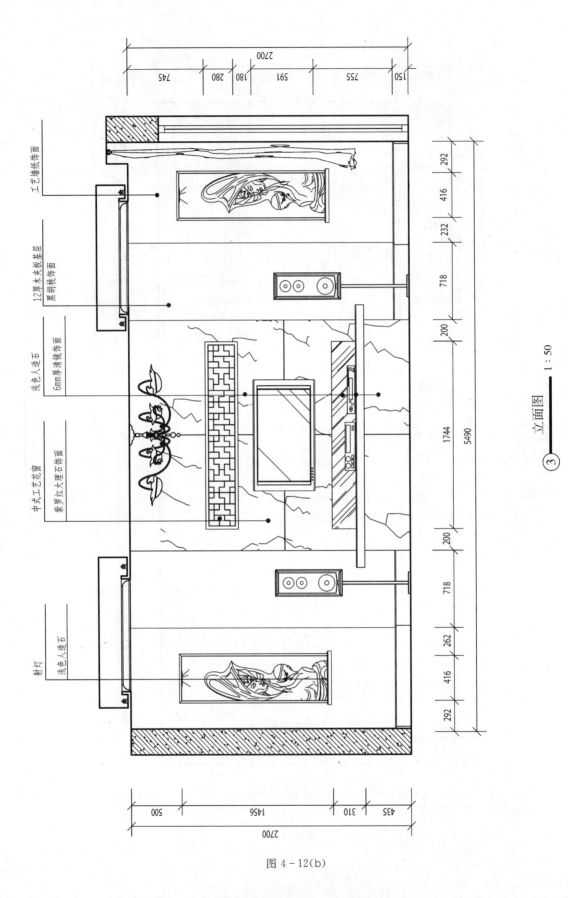

图 4-12(b)

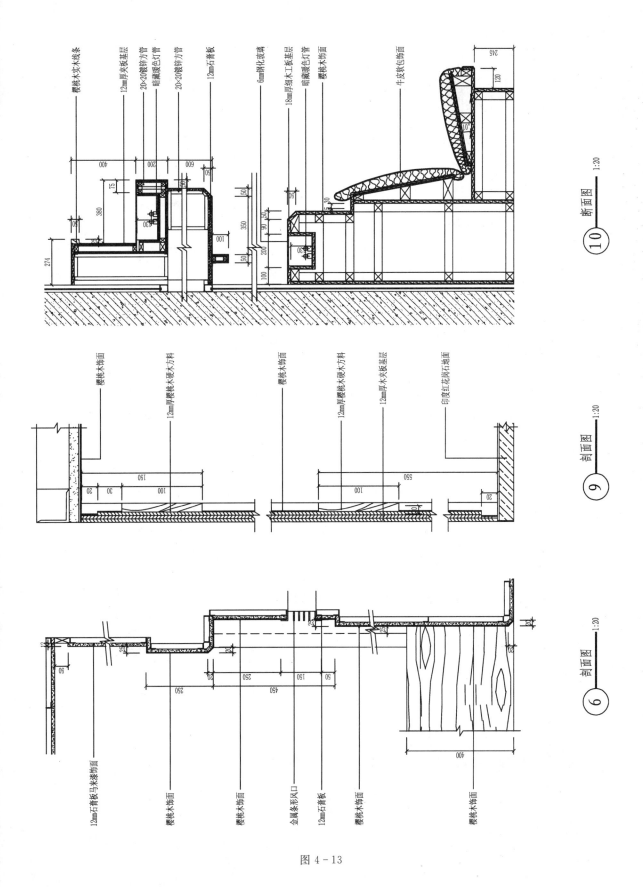

图 4－13

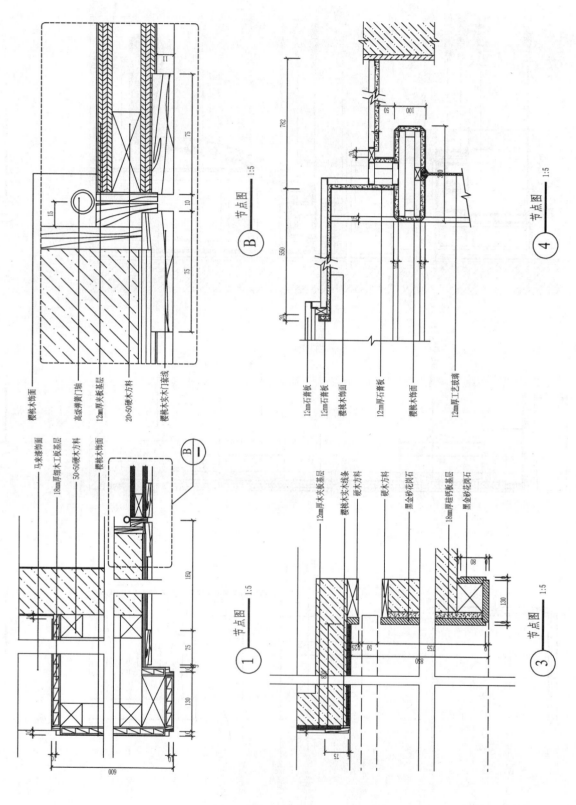

图 4-14(a)

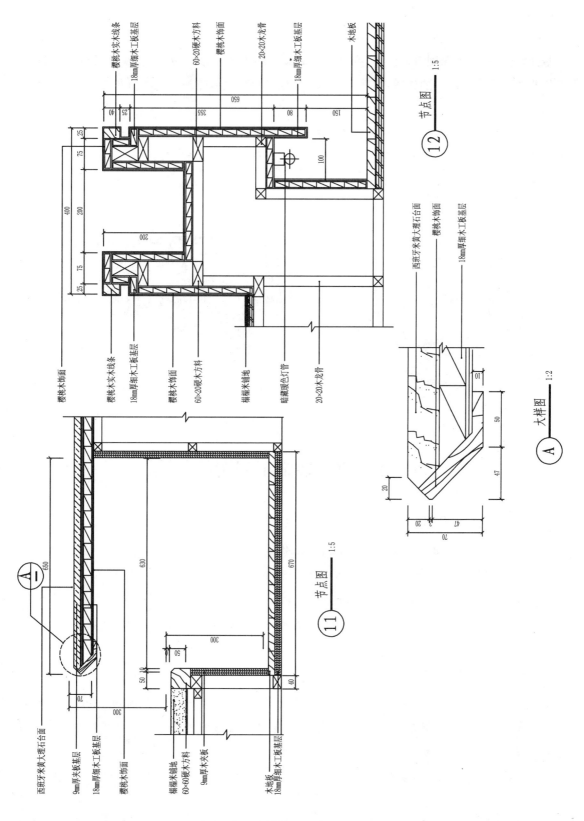

图 4-14(b)

3. 装饰艺术详图

(1)装饰艺术详图的内容

像企业形象设计、景观景点设计、绿化与水体设计均为艺术创作设计,但是本书只讨论与室内表面装饰相关的艺术创作中的详图,如壁画、浮雕、彩绘、花格、藻井花饰及地面拼花等装饰详图。

(2)一般要求与实例

上述艺术创作表达属于平面放大详图。由于艺术创作通常是某种灵感下形成的图样,这种艺术创作便多为自由曲线。其随意组合,几乎无规则可循。要实现这类创作,只能用大比例详图甚至全详图加方格网。故艺术详图的特点是比例大、尺寸少,多为细线描绘。如图 4-15 所示。

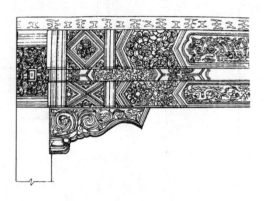

图 4-15

▶ 第三节　装饰工程图的阅读

一、阅读装饰工程图的重要性

阅读建筑装饰工程图,是从事建筑装饰专业工作的工程技术人员必须掌握的专业技能之一,也是每项装饰工程开工之前,有关专业技术人员必须进行的重要准备工作。只有在深入仔细阅读相关图纸后才能明确建筑装饰设计的要求、装饰的重点部位以及在装饰工程施工中应注意的技术难点与施工工艺要求;也只有在全面系统阅读了所有与装饰工程有关的文件资料及装饰工程图纸后,才能着手编制装饰工程预算与施工进度规划。

二、装饰工程图阅读的重点内容

1. 应先阅读有关设计文件,明确业主对装饰设计的要求,如装饰等级、装饰风格、使用功能及对装饰材料与安全环保方面的要求;其次阅读建筑实测施工图(或建筑施工图),了解设计的建筑面积、房间的布局与分配等相关资料。

2. 根据设计文件要求阅读平面布置图,审视设计是否合理,能否满足设计要求所提出的预想结果。

3. 根据平面布置图对照立面布置图或剖立面图判别装饰效果、装饰风格及色彩格调。若有彩色效果图则同时阅读,共同审视装饰效果。

4. 深入阅读顶棚布置图,了解棚面造型、装饰吊顶类型和灯具、消防和通风设施的布置状况,并对照平面布置图审视顶棚布置是否合理,能否满足使用需求。

5. 详细阅读各个墙面装饰图,查看各个墙面装饰所用建材种类、规格及装饰范围与施工工艺要求,并与平面布置图对照,审视平面、立面设计是否协调一致,是否有矛盾之处。

6. 深入阅读分析各种装饰详图,查看详图是否完整,能否满足施工要求,有无尚未表明的节点部位,审查装饰详图中施工工艺做法及技术要求是否可行。

7. 审查并阅读重点装饰部位,察看有无重点复杂的艺术作品,看这些艺术创作的详图是否能满足施工要求,是否要画全样图(足尺寸大样图)。

8. 最后了解家具及木制作,家电、摆设等物品的配置情况,明确哪些用品为外购品,哪些用品为现场制作的非外购品,检查现做家具及制品的图纸是否齐全。

上述内容是阅读装饰工程图样时一般应关注的内容,但由于装饰工程差异较大,阅读时还应视实际情况明确该关注哪些焦点。

思考与练习

1. 室内装饰工程图包含哪些文件资料与图样?

2. 室内装饰设计中平面布置图是怎样形成的? 它的作用是什么? 都应体现哪些内容?

3. 顶棚布置图是怎样形成的? 它的作用是什么? 都应表现哪些内容?

4. 地面铺装图是怎样形成的? 它的作用是什么? 都应该表现哪些内容?

5. 装饰详图的类型有哪些? 构造详图与装饰艺术详图在画法要求方面有哪些不同之处?

6. 对下面的平面图进行室内平面布置、立面和详图绘制。

要求:合理进行平面布置,墙体、门窗、设施及其他构配件线宽及线型绘制合理,容易识别;尺寸文字标注清晰;字体及字号的使用符合要求;图标的绘制符合要求。

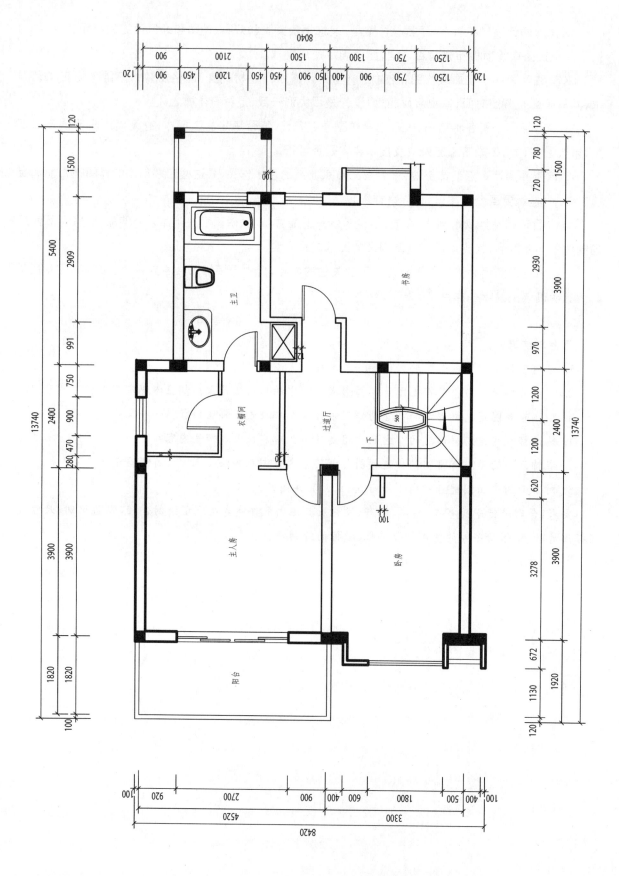

第五章 装饰制图深度表达

▶ 学习目标:

能依据不同图纸幅面要求及不同出图比例要求绘制不同深度的图纸。

▶ 学习重点:

尺寸标注深度表达;断面绘制深度表达;装饰界面绘制深度表达。

▶ 学习难点:

节点细部尺寸标注的完整性、制图深度与制图阶段的统一。

在室内装饰设计制图中,依据不同的比例设置,将有不同的绘制深度,即深度设置。室内装饰制图深度表达分为三个表达层次:尺寸标注深度表达,断面绘制深度表达,界面绘制深度表达。

一、尺寸标注深度表达

室内设计制图应在不同阶段和不同绘制比例时,对尺寸标注的详细程度做出不同要求。尺寸标注的深度是按照制图阶段及图样比例这两方面因素来设置,具体分为六种:

1. 土建轴线尺寸:反映结构轴号之间的尺寸。

2. 总段尺寸:反映图样总长、宽、高的尺寸。

3. 定位尺寸:反映空间内各图样之间的定位尺寸的关系或比例。

4. 分段尺寸:各图样内的大构图尺寸(如立面的三段式比例尺寸关系、分割线的板块尺寸、主要可见构图轮廓线尺寸)。

5. 局部尺寸:局部造型的尺寸比例(如装饰线条的总高、门套线的宽度)。

6. 节点细部尺寸:一般为详图上所进一步标注的细部尺寸(如门缝的宽度)。

上述六类尺寸设置是按设计深度顺序由(1)至(6)的递进关系。在运用时遵循以下原则:

第一类设置:当绘制建筑装饰总平面、总顶棚、方案图时,适用 1:200、1:150、1:100 的比例。

第二类设置:当绘制建筑装饰平面、顶棚、方案图时,适用 1:100、1:80、1:60 的比例。

第三类设置:当绘制建筑装饰分区平面、分区顶棚施工图时,适用 1:60、1:50 的比例。

第四类设置:当绘制建筑装饰剖立面图、立面施工图时,适用 1:20、1:10 的比例。

第五类设置:当绘制特别复杂的建筑装饰立面图或断面图时,适用 1:20、1:10 的比例。

第六类设置:当绘制建筑装饰断面图、节点图、大样图时,适用 1:10、1:5、1:2、1:1 的比例。

注:上述设置可按具体情况由设计负责人针对某一项目进行合并或调整。

二、断面绘制深度表达

断面绘制深度是指对装饰构造层断面及剖面的表示深度,其绘制深度按不同比例的设置,均有不同的绘制深度,装饰断面也可包括剖面系列和详图系列。按不同的比例,装饰断面(层)绘制深度共分五个级别。

断面深度画法,以 x 为比例读数。

1. 当 1∶x 时(x>100),如 1∶250、1∶200、1∶150 等,

断面层总厚度<150mm 时,不表示断面;

断面层总厚度≥150mm 时,表示断面外饰线,不表示断面层。

2. 当 1∶x 时(60<x≤100)时,如 1∶100、1∶80、1∶70 等,

断面层总厚度<60mm 时,不表示断面;

断面层总厚度≥60mm 时,表示断面外饰线,不表示断面层。

3. 当 1∶x 时(10<x≤60)时,如 1∶60、1∶50、1∶30 等,

断面层总厚度≤xmm 时,表示断面外饰线(如粉刷线等),不表示断面层;

断面层总厚度>xmm 时,表示断面层,不表示断面龙骨形式;

断面层总厚度≥250mm 时,表示断面层,表示断面龙骨排列,不表示断面材质图例填充。

4. 当 1∶x 时(x=10)时,

断面层总厚度≤10mm 时,表示断面外饰线(如粉刷线等),不表示断面层;

断面层总厚度>10mm 时,表示断面层,表示断面龙骨形式,表示断面层部分材质图例填充。

5. 当 1∶x 时(1≤x<10)时,如 1∶6、1∶5、1∶2 等,

表示断面层,表示断面龙骨形式,断面材质图例填充和节点紧固件。

三、装饰界面绘制深度

装饰界面绘制深度指对各平、顶、立界面以及陈设界面的绘制详细程度,其绘制深度依据不同比例来设置。

装饰界面绘制深度大体分为四个级别:

1. 画出外形轮廓线和主要空间形态分割线(1∶200、1∶150、1∶100)。

2. 画出外形轮廓线和轮廓线内的主要可见造型线(1∶100、1∶80)。

3. 画出具体造型的可见轮廓线及细部界面的折面线、画饰图案等(1∶50、1∶30、1∶20)。

4. 画出不小于 4mm 的细微造型可见线和细部折面线等,画出所有五金配饰件的具象造型细节及画饰图案、纹理线等(1∶10、1∶5、1∶2、1∶1)。

绘制 1∶200、1∶150、1∶100 比例的平面、顶面图时,家具、灯具、设备等线型较丰富的图块只画外轮廓线。

装饰界面绘制深度,可由项目负责人针对某一具体情况,进行调整。

四、图面原则

所有图纸的绘制,均要求图面构图呈齐一性原则。所谓图面齐一性是指为方便读者而使图面的

组织排列在构图上呈统一整齐的视觉编排效果,并且使得图面内的排列在上下、左右都能形成相互对位的齐律性。

1. 立面应用:图与图之间的上下、左右相互对位,虚线为图面构图对位线。图面各立面的组织呈四角方形编排构图。如图5-1所示。

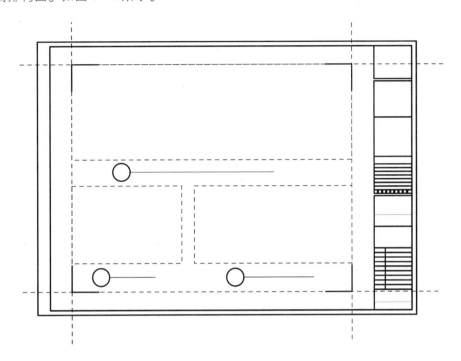

图 5-1

2. 详图应用:六幅面构图,又称方阵构图原则,如图5-2所示。

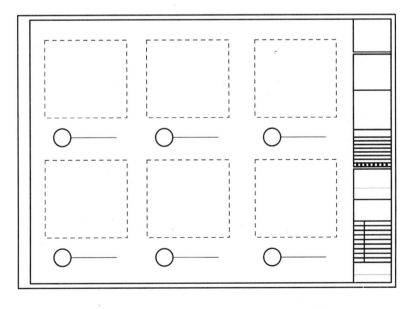

图 5-2

六幅面构图(方阵构图)原则是在详图编排中的一项基本组合架构,在各类不同的具体制图中可有无数变化形式。因此,六幅面构图并非指六个详图的排列,如图5-3所示。

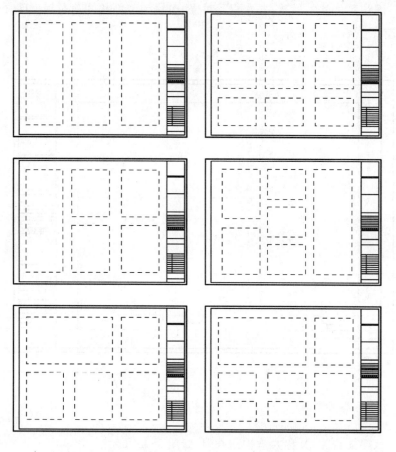

图5-3

3. 引出线的编排:在图纸上会有各类引出线,如尺寸线、索引线、材料标注线等,各类引出线及符号需统一组织,形成排列的齐一性原则,索引号统一排列,纵向横向成齐一性构图。索引号同尺寸标注及材料引出线有机组合,尽量避免各类线交错穿插。如图5-4(a)、(b)所示。

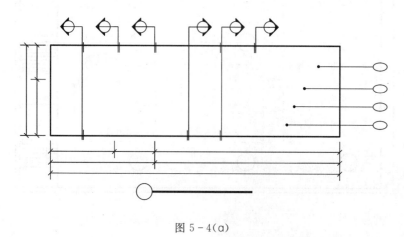

图5-4(a)

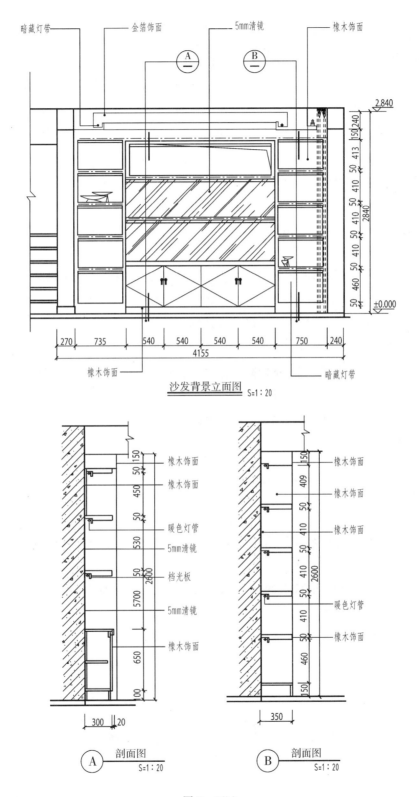

沙发背景立面图 S=1:20

(A) 剖面图 S=1:20

(B) 剖面图 S=1:20

图 5-4(b)

五、制图常见错误

1. 尺寸标注矛盾:室施与室详、室施与室施、室详与室详之间对同一图样的尺寸标注不统一。

2. 剖视方向错误:剖视方向与剖切符号不符合。

3. 有号无图、有图无号:室施中有索引号,室详中无此内容;室详中有此内容,室施中无索引号。

4. 材料标注矛盾:室施与室详、室详与室详之间对同一材料标注不统一。

5. 图纸号编错:图纸号与索引号对不上。

6. 图面内容与图框标题不符。

7. 尺寸、材料漏标:同一内容在不同图面内均需标注,而实际情况却漏注、漏标。

8. 图面编排混乱、无秩序感:各类引出线编排无序,干扰读图的逻辑性与条理性。

9. 顺序漏项:不按制图顺序由大渐小的原则进行,如从立面至节点的过程中常有剖面图、断面图漏项。

10. 填充比例不当:不同材料的填充比例不当,不同肌理面的填充比例不当。

11. 数字、文字、符号的比例设置不当:不按规定大小设置。

12. 图线的线宽选择不当,不按规定功能的线宽制图。

13. 比例设置不当:对不同尺度的制图对象比例设定不当。

14. 制图深度与制图阶段不符:如室施阶段,所标注的尺寸内容已达到室详阶段的深度。图面所示内容应同制图阶段的深度相统一。

15. 制图深度与制图比例不符:所绘制图样的制图深度与其相对应的比例不符,如在室施阶段的深度就达到了室详的深度。

思考与练习

1. 尺寸标注的深度分为哪几类设置? 在运用时应分别遵循哪些原则?

2. 何为装饰断面绘制深度? 何为装饰界面绘制深度? 在进行二者的绘制时应分别遵循哪些原则?

3. 在制图时对于各类引出线、索引线、材料标注等符号的排列应遵循哪些原则? 试以一幅立面图为例,详细对其中的各种引出线统一组织。

第六章 图 例

▶ 学习目标：

了解施工图中相关的规定图例，使图面更加清晰规范。

▶ 学习重点：

相关装饰材料图例、建筑构件图例的理解和运用。

▶ 学习难点：

楼梯、门、窗图例的理解及绘制。

▶ 第一节 材质符号图例

室内装饰施工图往往需要用到比较多的材料，在图纸上，除了以文字表示出每种材料外，有时还需要通过填充图案的变化来达到使图纸更加清晰明了的目的。

图6-1所示是比较常见的材料的填充图案。了解这些对更快地阅读室内工程图有很大帮助，并且，用好这些填充图案也会使工程图的图面效果更加丰富和具有感染力。

在使用这些图例时，应遵循以下几点：

1. 图例线一般用细线表示，线型间隔要匀称、疏密适度。

2. 在图例中表达同类材料的不同品种时，应在图中附加必要说明。

3. 若因图形小，无法用图例表达，可采用其他方式说明。

4. 需要自编图例时，编制的方法可按已设定的比例，以简化的方式画出所示实物的轮廓线或剖面，必要时辅以文字说明，以避免与其他图例混淆。

5. 相同图例相接时画法如图6-2所示。

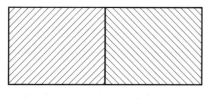 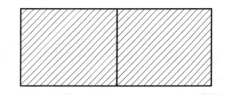

（a）反向　　　　　　　　　　　　　　（b）错开

图6-2

材质符号	材质类型	材质符号	材质类型	材质符号	材质类型
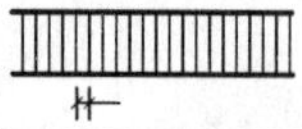	瓷砖	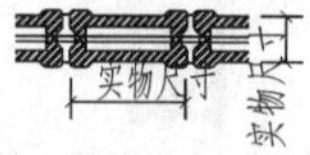	玻璃砖		纤维
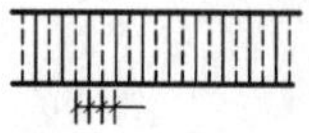	马赛克		玻璃	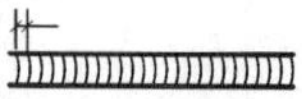	硅胶
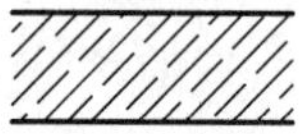	石材		镜面 (平面图案)		橡胶
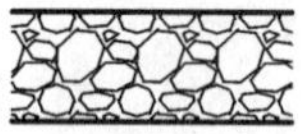	毛石		三夹板		地毯
	砂、灰土 粉刷层	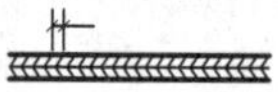	五夹板		软质填充材料
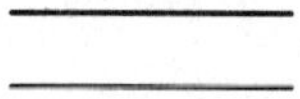	水泥砂浆	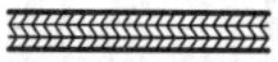	九夹板	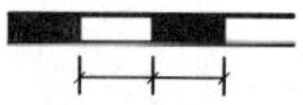	防潮层
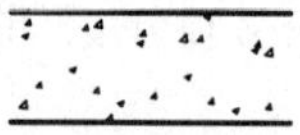	混凝土	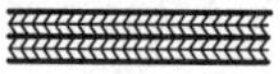	十二夹板		铝
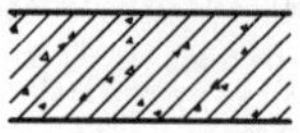	钢筋混凝土	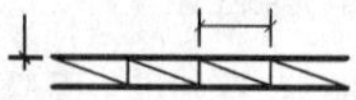	细木工板	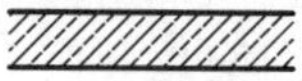	铜
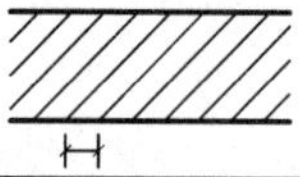	黏土砖		密度板	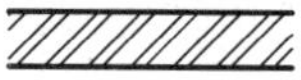	钢材
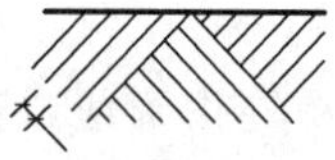	素土夯实	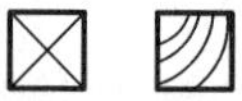	垫木、木砖		轻钢龙骨
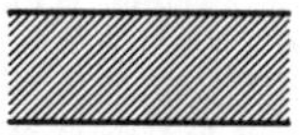	土建承重墙 柱填充	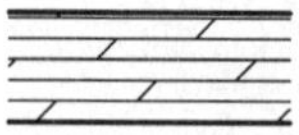	地板		
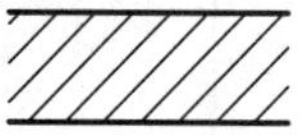	土建非承重墙 柱填充	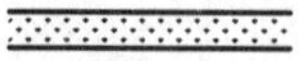	纸面石膏板		
	新砌普通 砖墙填充	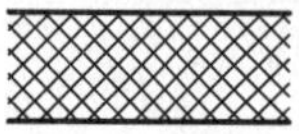	多孔材料		

图 6-1 常见的材料的填充图案

第二节　灯具符号图例

在室内装饰工程制图与识图过程中,会涉及一定的灯具平面和立面图例。立面图中所涉及的灯具一般以灯具的实形来绘制,而平面图中所涉及的灯具则有一些规定简化画法。图6-3所示的是比较常见的各类灯具的平面图例。在绘制的时候要注意各类灯具的正确区分。

另外,在装饰设计和施工中为了协调水、电、空调、消防等各工种的布点定位,一般要求装饰设计师绘制出各工种综合布点定位,因此我们应该了解相关设备的图例的样式及绘制,如图6-3～图6-5所示。

装饰工程识图与制图过程中必然要涉及建筑构造图例,正确地识读和绘制这些图例是保证工程图纸规范的关键。在室内装饰工程图中,涉及最多的建筑构造图例有墙体、楼梯、孔洞、门窗等,所以需要重点把握各类型门窗图例的样式、开启方式的绘制,同时把握上层楼梯、中层楼梯、下层楼梯图例的区别及样式。还要注意孔洞、坑槽及通风图例的样式表达。如图6-6～图6-13。

图例	类型	图例	类型	图例	类型
	暗装双联单控照明开关		电缆头		风扇变阻开关
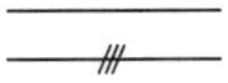	交流配电线路		电杆		电话分线盒
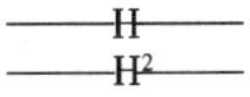	电话线路	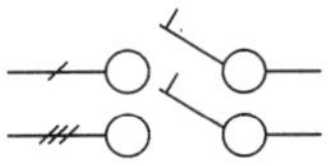	自动开关		传声器
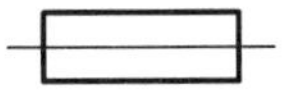	熔断器		带灯具的电杆 (灯的投射方向)	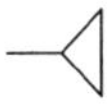	扬声器
	信号灯开关		电铃		变压器
	信号灯		蜂鸣器		火警信号报警器

图6-4

图例	类型	图例	类型	图例	类型
	筒灯	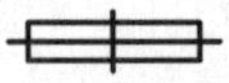	画灯，镜前灯		电源由上引来
	方形筒灯	 - - - - - -	暗藏光管		电源由此引上
	石英灯	 — · — · —	霓虹管	 一般明装	双极插座
	吊灯 （按设计尺寸）	 — · · — · · —	星灯及珠灯	一般暗装	双极插座
	吸顶灯	 400×400	出风口	 一般明装	双极插座 带接地插孔
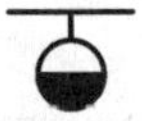	壁灯	 400×400	回风口	 一般暗装	双极插座 带接地插孔
	台灯及立地灯		出风口 （200或300宽）		暗装三级插座
	石英射灯	 400×400	排气扇		安装四极插座
	道轨射灯及 单头射灯	 (S) φ200	烟感	 明装	单极开关
	雨灯	 ——————	电源引入线	 暗装	双极开关
	单支光管裸挂 双支光管裸挂		电话端子箱	 明装	双极开关
	光管盘		照明配电箱	 明装 防水　一般	拉线开关
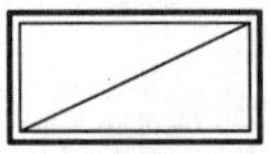	光管盘	 (H)	电话出线口	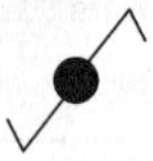	暗装单联双 控照明开关

图 6-3　常见的各类灯具的平面图例

图例	类型	材质符号	材质类型	材质符号	材质类型
 ———	管道	 ○ᵞᴰ ⊤	雨水斗	 ▢	坐式大便器
 ——▸—	坡向	 ○ᵞᴰ ⊤	排水漏斗	 ▢	坐式大便器
 ———│—	流向	 ▥ ◺	方形地漏	 ⬭	洗手盆
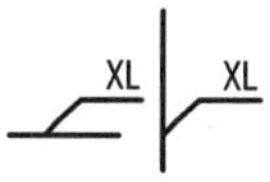 XL XL	管道立管	 —◁▷—	阀门	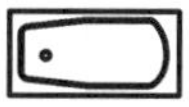 ▭	浴缸
 —×—×—×—	拆除管	 ● ⊤	圆形地漏	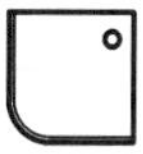 ◲	冲淋房
 ∿∿∿	软管	 ⊢│—	法兰堵盖	 ⊠	污水池
 ∼∼∼	保温管	⌐│—	管堵	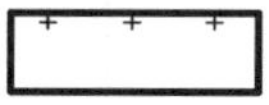 ▭	洗手槽
 ▵▵▵	多孔管	 —◁▷— ⊤	截至阀	 —○	淋浴喷头
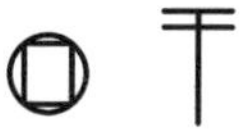 ○ ⊤	清扫口	 ∠○⟋	消声止回阀	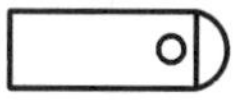 ▭	蹲式大便器
 ├─┤	检查口	 —┼—○	浮球阀	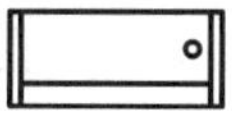 ▭	小便槽
 ⑂	存水弯	 —┼—	延时自闭冲洗阀	 ▽	斗式小便器
 ↑ ↑ ⊙	同期帽	 ⟍	皮带龙头	◉	饮水龙头
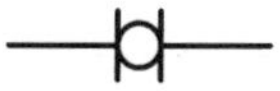 —◻—	可曲挠橡胶接头	⊗ φ200	喷淋头	 ◎ ⊤	

图 6-5

序号	名 称	图 例	说 明
1	墙体	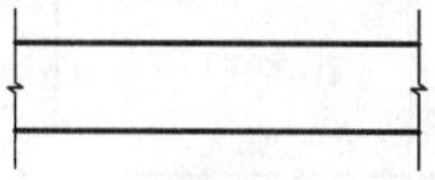	应加注文字说明或填充图例表示墙体材料,在项目设计图纸说明中列材料图例表给予说明
2	隔断		1.包括板条抹灰、木制、石膏板、金属材料等隔断; 2.适用于到顶与不到顶隔断。
3	楼梯	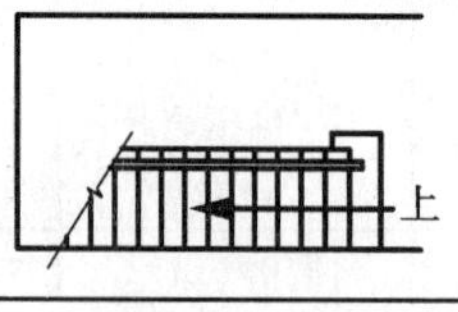 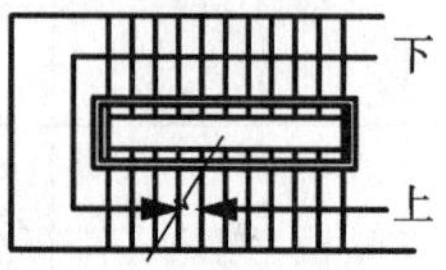 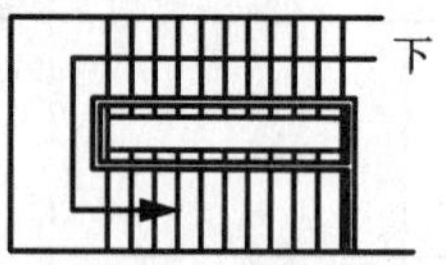	1.上图为底层楼梯平面,中图为中间层楼平面,下图为顶层楼梯平面。 2.楼梯及栏杆扶手的形式和楼梯踏步数应按实际情况绘制。
4	坡道	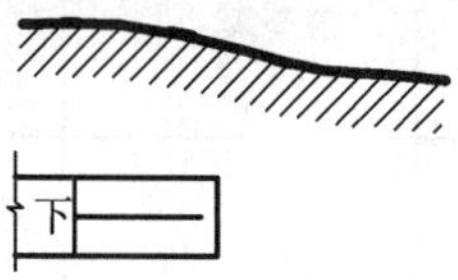 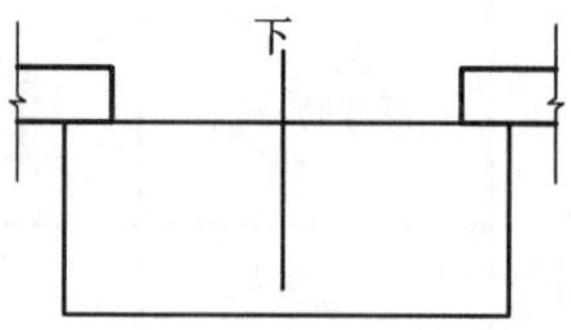 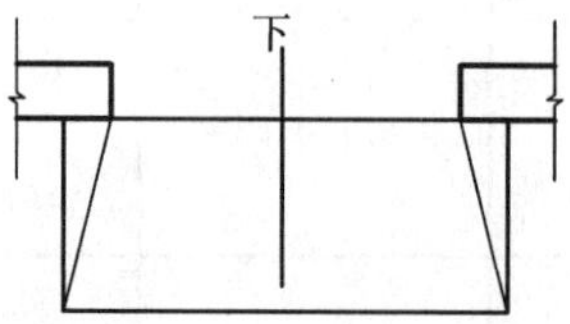	上图为长坡道,下图为门口坡道。

图 6-6

序号	名 称	图 例	说 明
5	检查孔	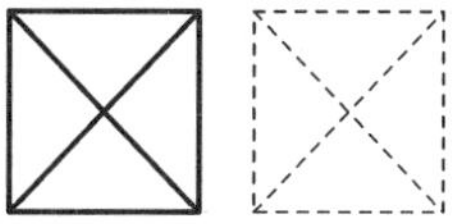	左图为可见检查孔 右图为不可见检查孔
6	孔洞	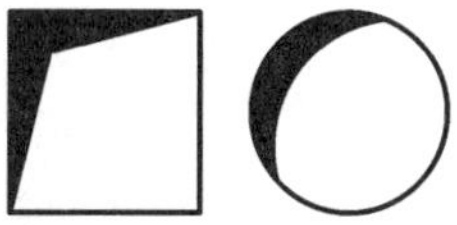	阴影部分可以涂色代替
7	坑槽	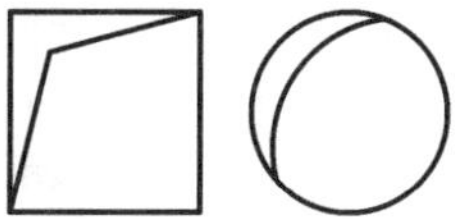	
8	烟道	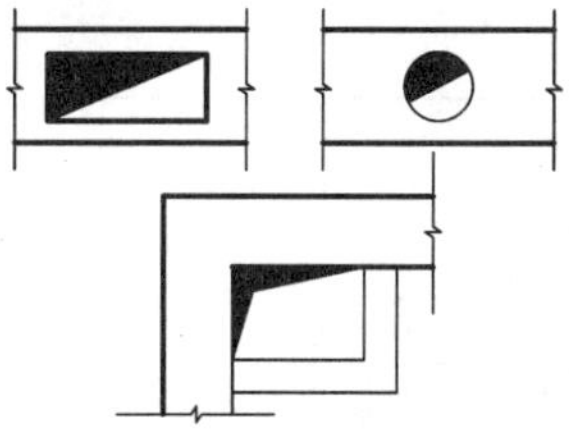	1.阴影部分可以涂色代替。 2.烟道与墙体为同一材料,其相接处墙身线应断开。
9	通风道		

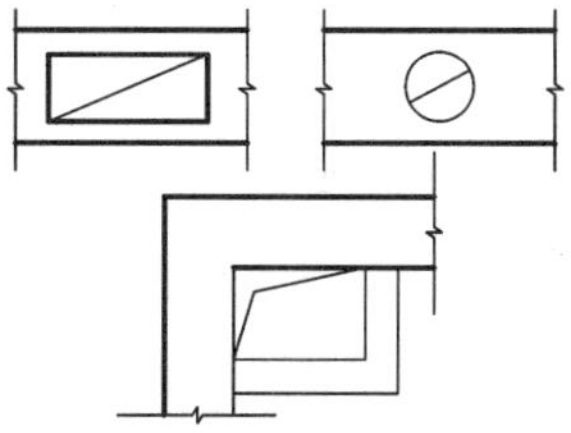

图 6－7

序号	名 称	图 例	说 明
1	单扇门（包括平开或单面弹簧）	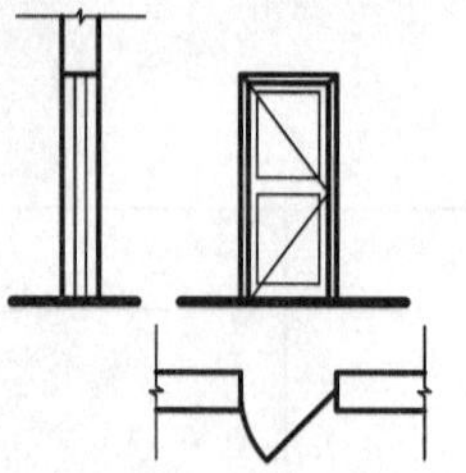	1. 门的名称代号用M。 2. 图例中剖面图左为外,右为内,平面图下为外,上为内。 3. 立面形式应按实际情况绘制。
2	双扇门（包括平开或单面弹簧）	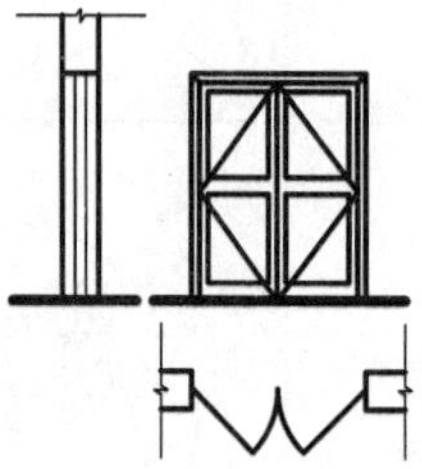	1. 门的名称代号用M。 2. 图例中剖面图左为外,右为内。平面图下为外,上为内。 3. 立面图上开启方向线交角的一侧,实线为外开,虚线为内开。 4. 平面图上门线应90°或45°开启弧线宜绘出。 5. 立面图上的开启线一般设计图中可不表示,在详图及室内设计图上表示。 6. 立面形式应按实际情况绘制。
3.	对开折叠门	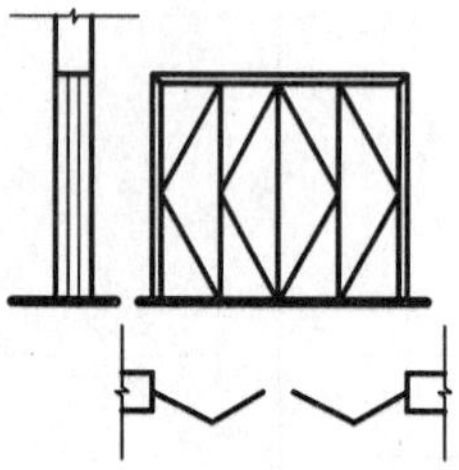	
4	推 拉 门	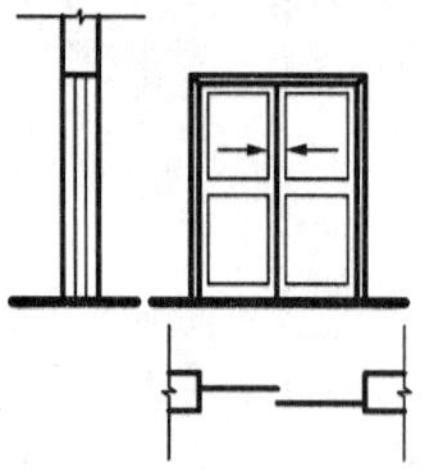	
5	墙外单扇推拉门	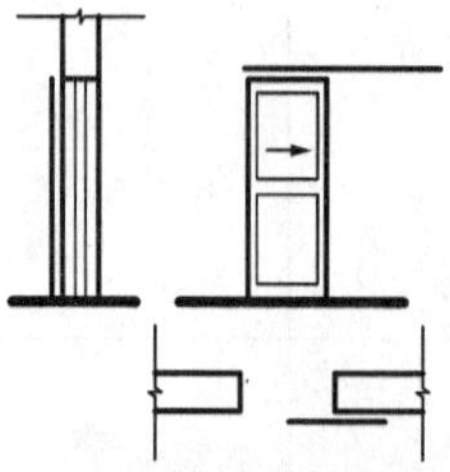	

图 6 - 8

序号	名 称	图 例	说 明
6	墙外双扇推拉门	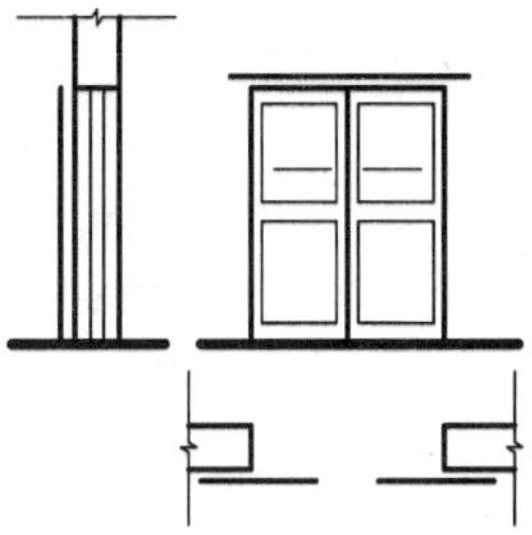	1. 门的名称代号用M。 2. 图例中剖面图左为外,右为内。平面图下为外,上为内。 3. 立面图上开启方向线交角的一侧,实线为外开,虚线为内开。 4. 平面图上门线应90°或45°开启弧线宜绘出。 5. 立面图上的开启线一般设计图中可不表示,在详图及室内设计图上表示。 6. 立面形式应按实际情况绘制。
7	墙中单扇推拉门	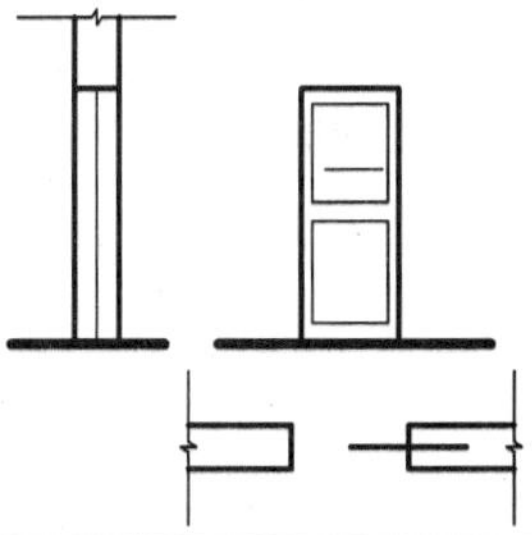	
8	墙中双扇推拉门	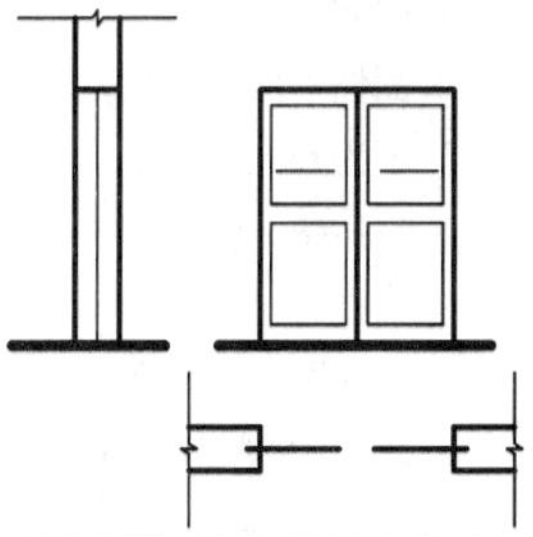	1. 门的名称代号用M。 2. 图例中剖面图左为外,右为内,平面图下为外,上为内。 3. 立面形式应按实际情况绘制。
9	单扇双面弹簧门	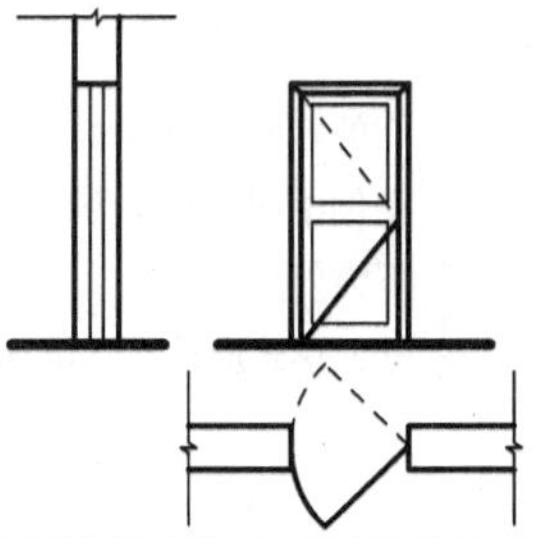	
10	双扇双面弹簧门	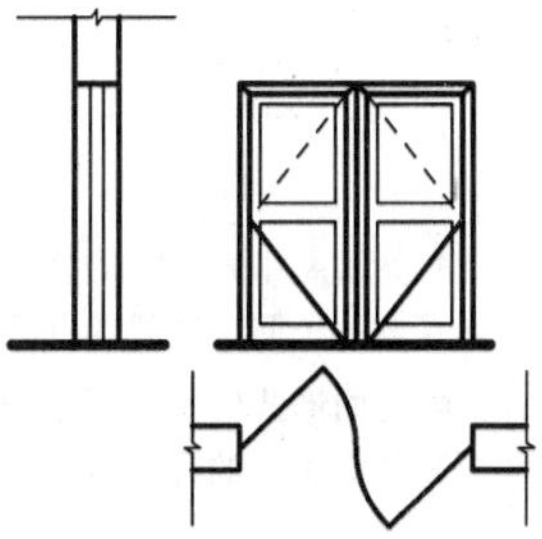	

图 6 - 9

序号	名　称	图　例	说　明
11	单扇内外开双层门(包括平开或单面弹簧)	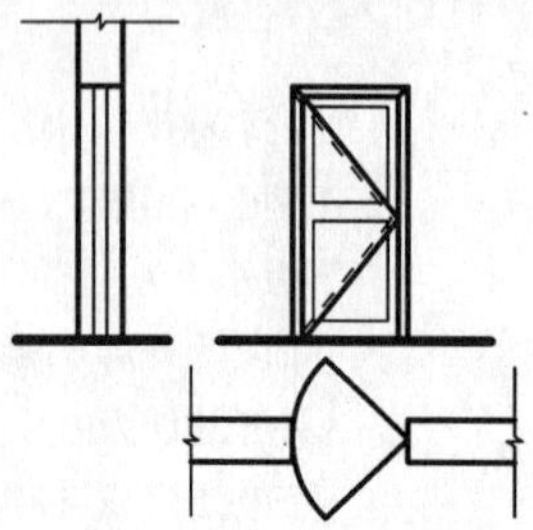	1. 门的名称代号用M。 2. 图例中剖面图左为外,右为内。平面图下为外,上为内。 3. 平面图上门线应90°或45°开启弧线宜绘出。
12	双扇内外开双层门(包括平开或单面弹簧)	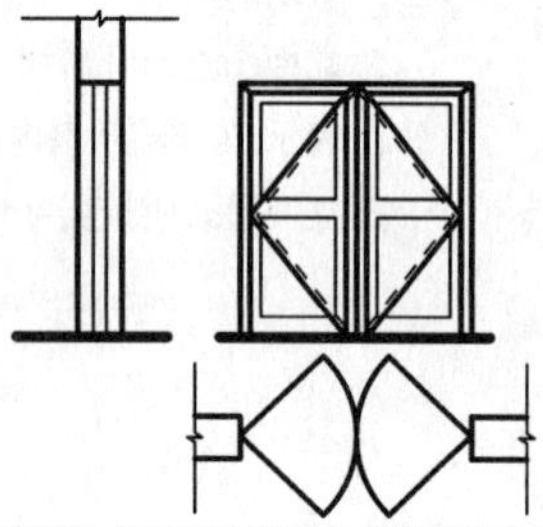	4. 立面图上的开启线一般设计图中可不表示,在详图及室内设计图上表示。 5. 立面形式应按实际情况绘制。
13	转门	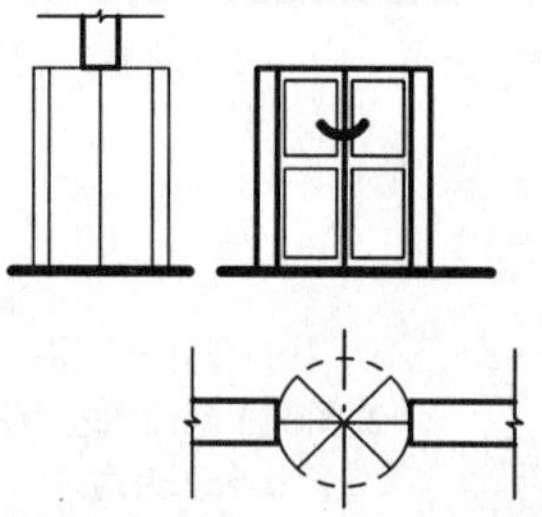	1. 门的名称代号用M。 2. 图例中剖面图左为外,右为内。平面图下为外,上为内。 3. 平面图上门线应90°或45°开启弧线宜绘出。 4. 立面图上的开启线一般设计图中可不表示,在详图及室内设计图上表示。
14	自动门	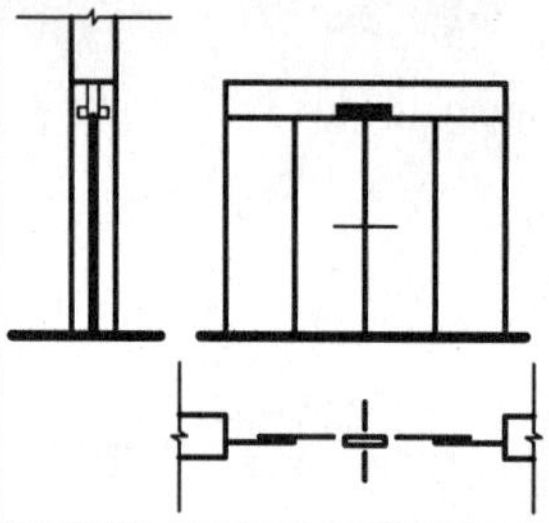	1. 门的名称代号用M。 2. 图例中剖面图左为外,右为内。平面图下为外,上为内。 3. 立面形式应按实际情况绘制
15	折叠上翻门	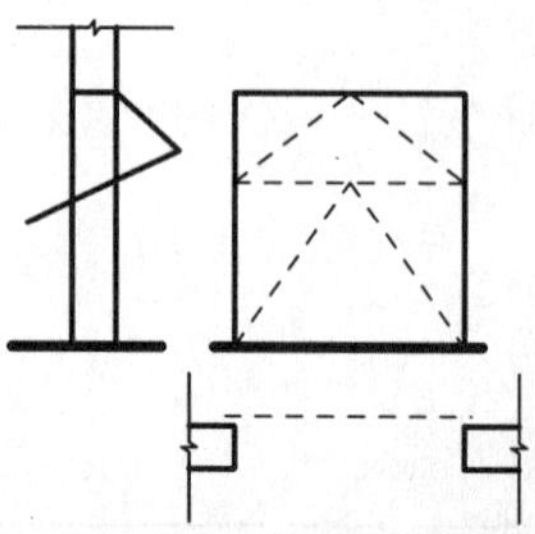	1. 门的名称代号用M。 2. 图例中剖面图左为外,右为内。平面图下为外,上为内。 3. 立面图中开启方向交角的一侧为安装合页的一侧,实线为外开,虚线为内开。 4. 立面形式应按实际情况绘制。 5. 立面图上的开启线设计图中应表示。

图 6 – 10

序号	名　称	图　例	说　明
16	竖向卷帘门	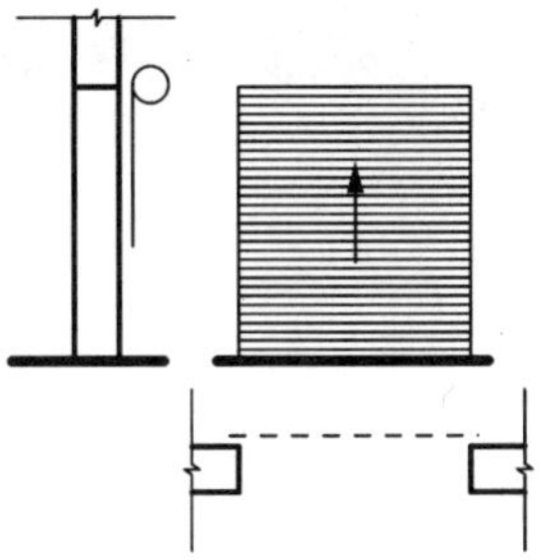	1. 门的名称代号用M。 2. 图例中剖面图左为外,右为内。平面图下为外,上为内。 3. 立面形式应按实际情况绘制。
17	横向卷帘门		
18	提升门	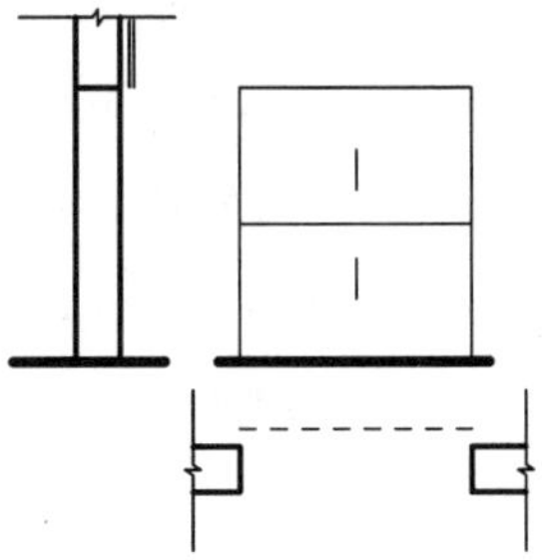	1. 门的名称代号用M。 2. 图例中剖面图左为外,右为内。平面图下为外,上为内。 3. 立面形式应按实际情况绘制。
19	单层固定窗	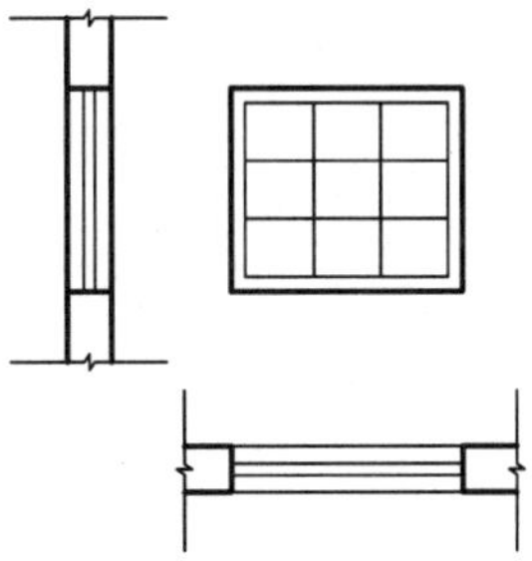	1. 窗的名称代号用C表示。 2. 立面图中的斜线表示窗的开启方向,实线为外开,虚线为内开,开启方向线交角的一侧为安装合页的一侧,一般设计图中可不表示。 3. 图例中剖面图所示左为外,右为内。平面图所示下为外,上为内。 4. 平面图和剖面图上的虚线仅说明开关方式,在设计图中不需要表示。 5. 窗的立面形式应按实际情况绘制。 6. 小比例绘图时平、剖面的窗线可用单粗实线表示。
20	单层外开上悬窗		

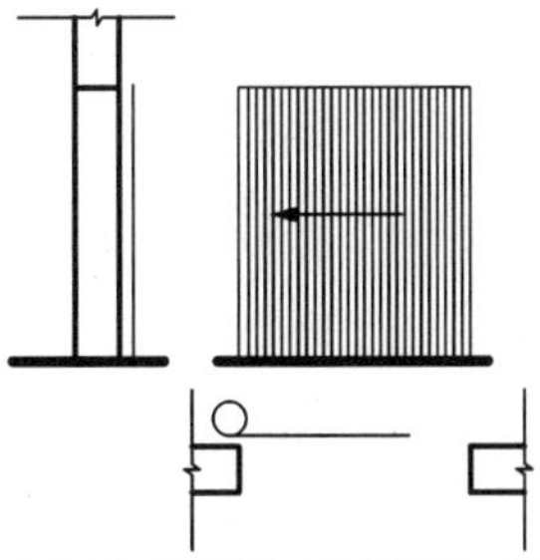

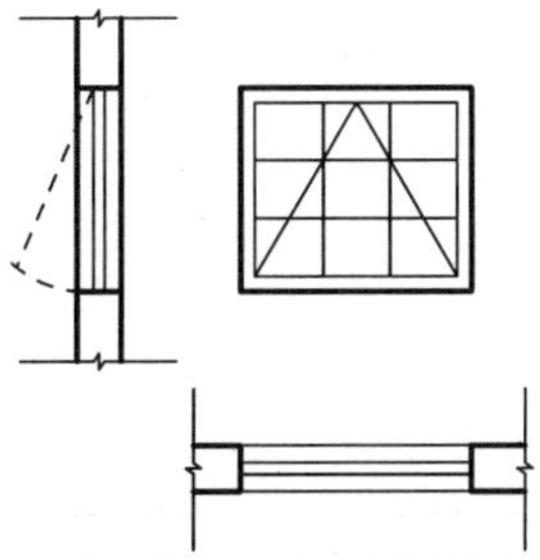

图 6－11

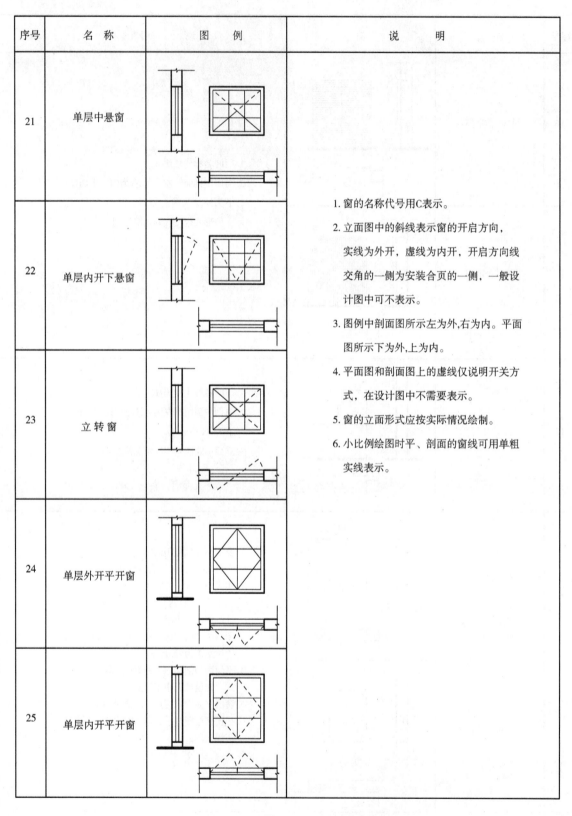

序号	名 称	图 例	说 明
21	单层中悬窗		
22	单层内开下悬窗		1. 窗的名称代号用C表示。 2. 立面图中的斜线表示窗的开启方向，实线为外开，虚线为内开，开启方向线交角的一侧为安装合页的一侧，一般设计图中可不表示。 3. 图例中剖面图所示左为外，右为内。平面图所示下为外，上为内。 4. 平面图和剖面图上的虚线仅说明开关方式，在设计图中不需要表示。 5. 窗的立面形式应按实际情况绘制。 6. 小比例绘图时平、剖面的窗线可用单粗实线表示。
23	立 转 窗		
24	单层外开平开窗		
25	单层内开平开窗		

图 6 - 12

序号	名 称	图 例	说 明
26	双层内外开平开窗	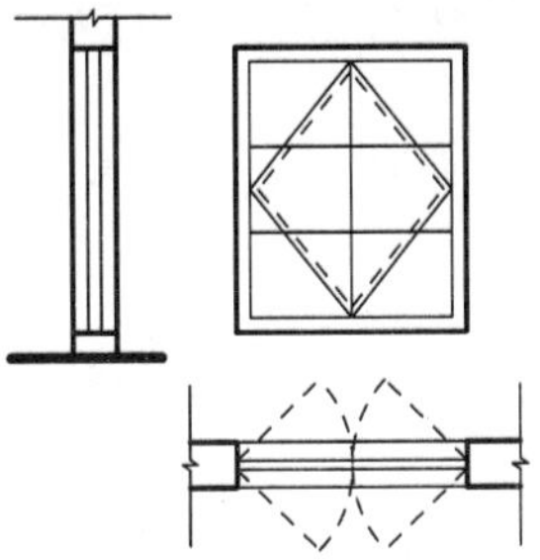	1. 窗的名称代号用C表示。 2. 立面图中的斜线表示窗的开启方向,实线为外开,虚线为内开,开启方向线交角的一侧为安装合页的一侧,一般设计图中可不表示。 3. 图例中剖面图所示左为外,右为内。平面图所示下为外,上为内。 4. 平面图和剖面图上的虚线仅说明开关方式,在设计图中不需要表示。 5. 窗的立面形式应按实际情况绘制。 6. 小比例绘图时平、剖面的窗线可用单粗实线表示。
27	推拉窗	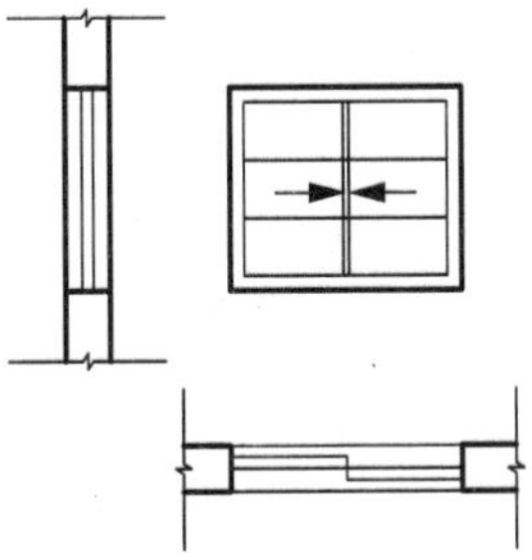	
28	上推窗	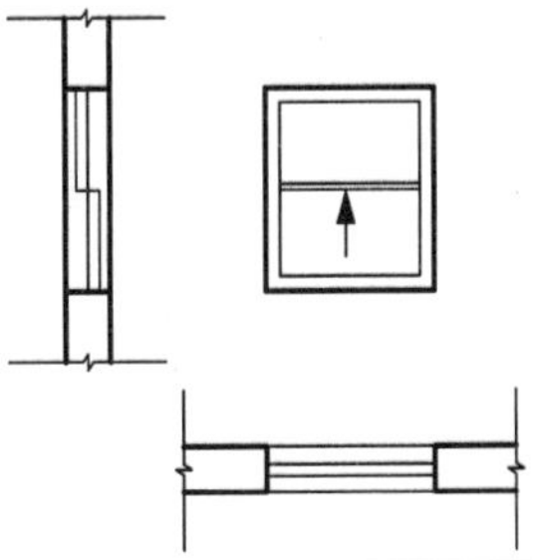	1. 窗的名称代号用C表示. 2. 图例中剖面图所示左为外,右为内。平面图所示下为外,上为内。 3. 窗的立面形式应按实际情况绘制. 4. 小比例绘图时平、剖面的窗线可用单粗实线表示。
29	百叶窗	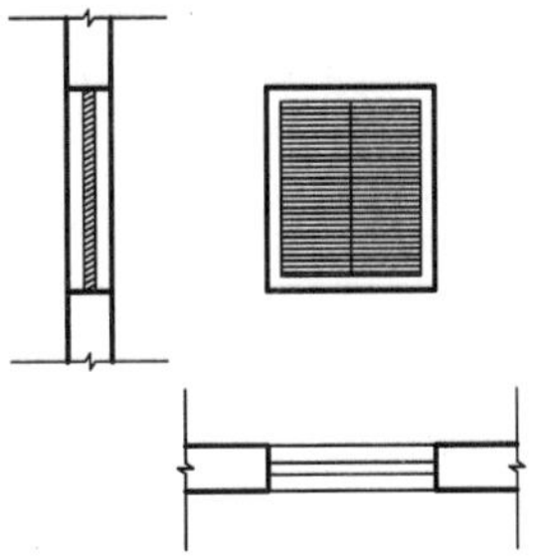	1. 窗的名称代号用C表示。 2. 立面图中的斜线表示窗的开启方向,实线为外开,虚线为内开,开启方向线交角的一侧为安装合页的一侧,一般设计图中可不表示。 3. 图例中剖面图所示左为外,右为内。平面图所示下为外,上为内。 4. 平面图和剖面图上的虚线仅说明开关方式,在设计图中不需要表示。 5. 窗的立面形式应按实际情况绘制。 6. h为窗底距本层楼地面的高度。
30	高窗	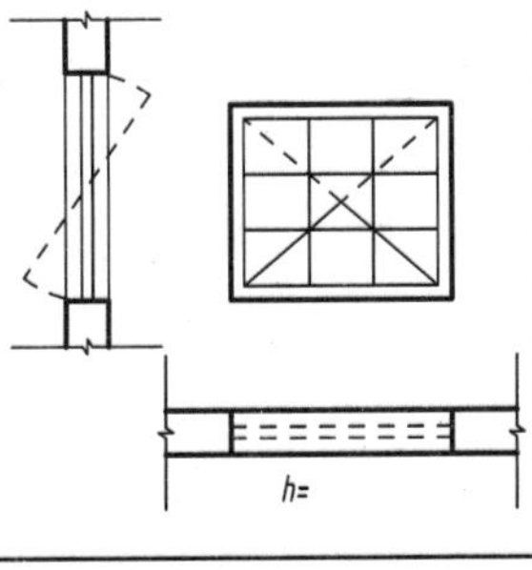	

图 6 - 13

思考与练习

1. 绘制出装饰材料图例中夹板、细木工板、密度板、木材、木砖的图例。

2. 绘制出装饰材料图例中玻璃的断面图案与平面图案。

3. 绘制出轻钢龙骨纸面石膏板隔墙图例。

4. 在装饰工程图设计中常常会涉及一些孔洞或检查孔,分别绘制出二者的图例。

5. 分别绘制出烟道及通风道的图例。

6. 绘制出单扇门、双扇门、双扇折叠门、推拉门的平面图例和立面图例。

7. 绘制出单层固定窗、单层中悬窗、立转窗的图例。

第七章　装饰工程图实例

▶ **学习目标：**

明确装饰工程图样的内容、画法与用途,明确装修要求。

▶ **学习重点：**

读图过程中能够注意一些技术问题,并能够形成一定感性认识。

▶ **学习难点：**

图纸表述的完整性及图纸的细化绘制。

　　下面给出一套住宅装饰设计施工图实例,如图7-1～图7-8所示。通过对这套施工图的阅读,进一步加深对装饰工程图样的认识与了解。另外对如何阅读装饰工程图,在阅读时应该注意哪些技术问题等形成一定的感性认识,为日后工作实践准备好读图基础。下面便按照图纸编排顺序进行阅读。

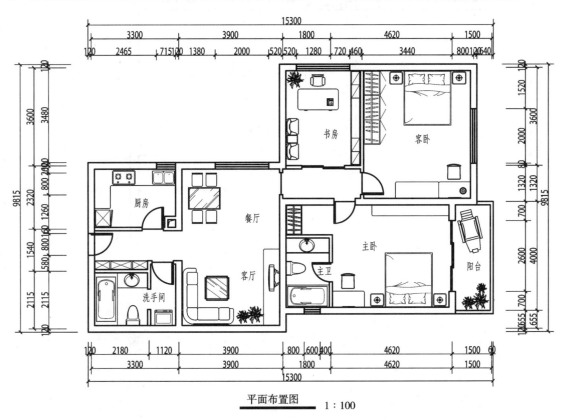

平面布置图　　　1:100

图7-1

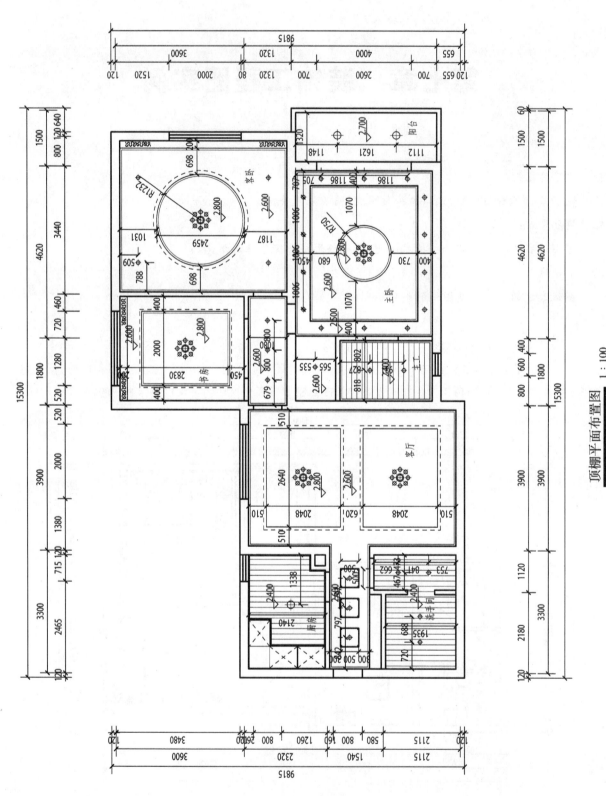

顶棚平面布置图 1 : 100

图 7 - 2

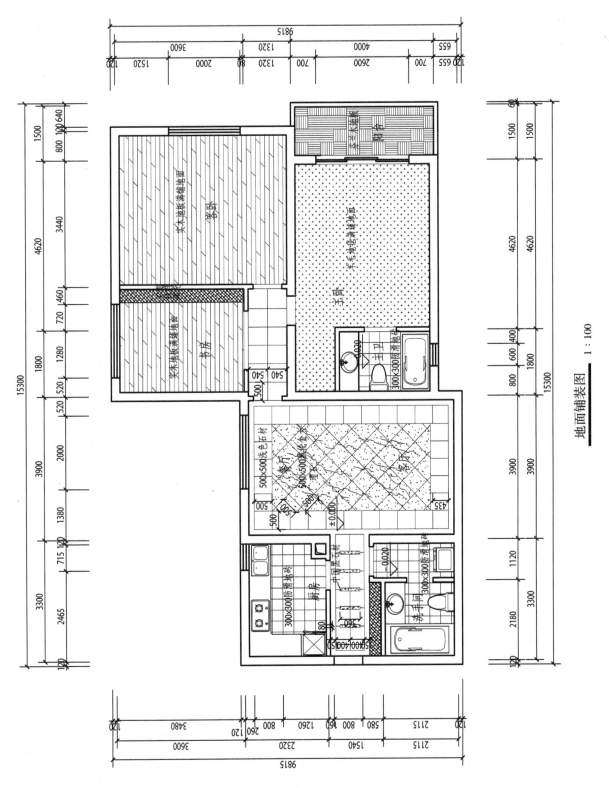

地面铺装图　1：100

图 7 - 3

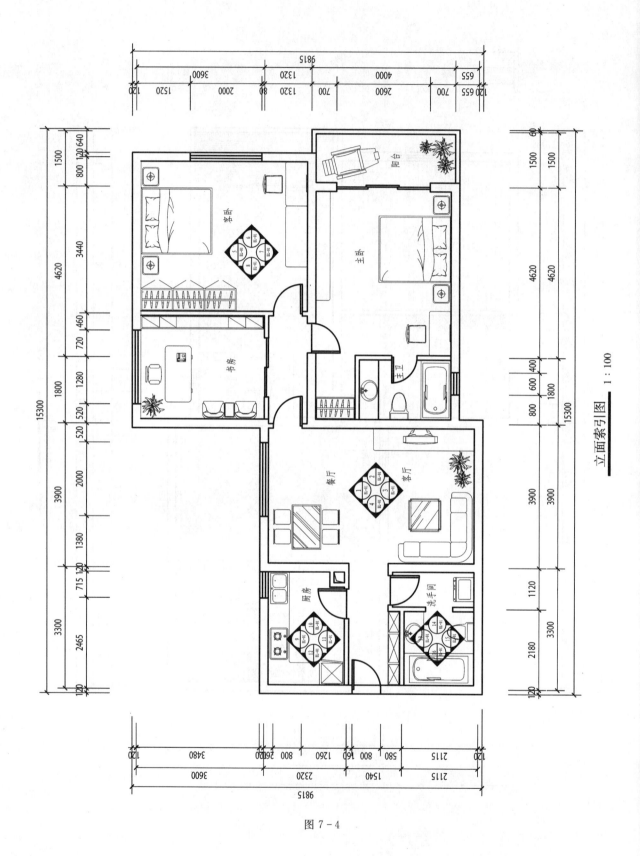

立面索引图 1：100

图 7-4

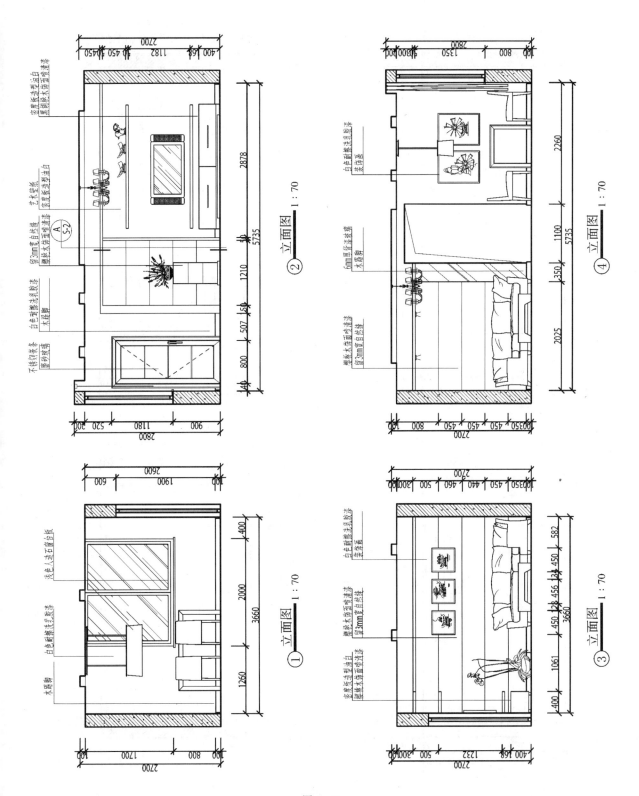

图 7-5

装饰制图与识图

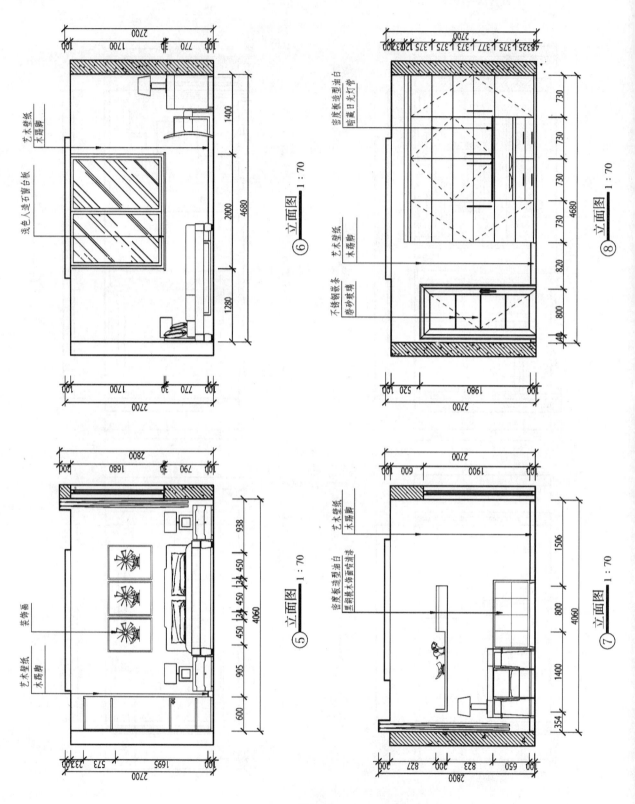

图 7-6

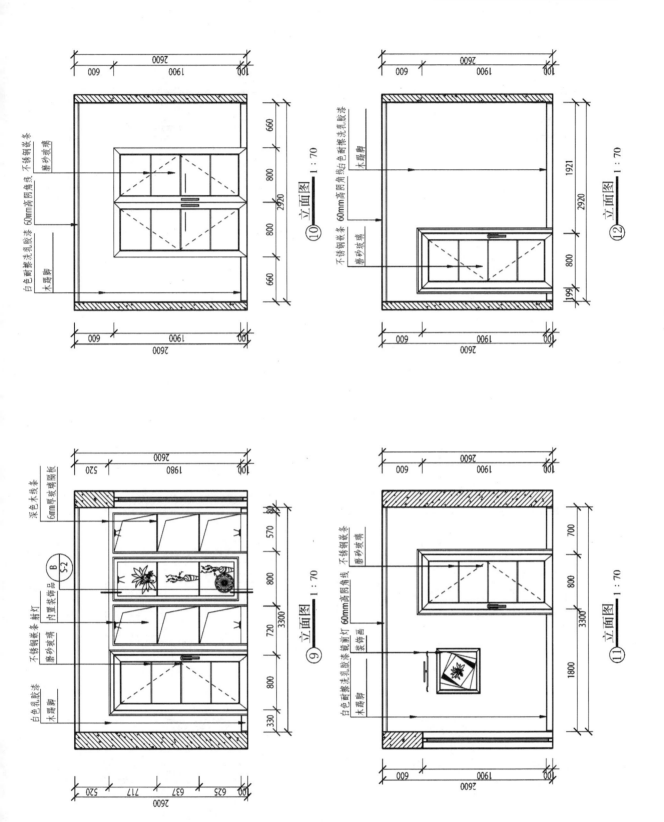

图 7－7

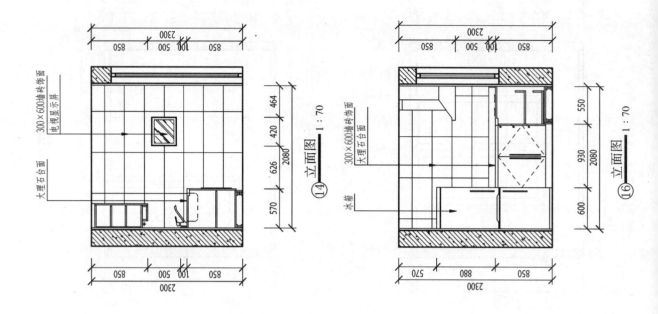

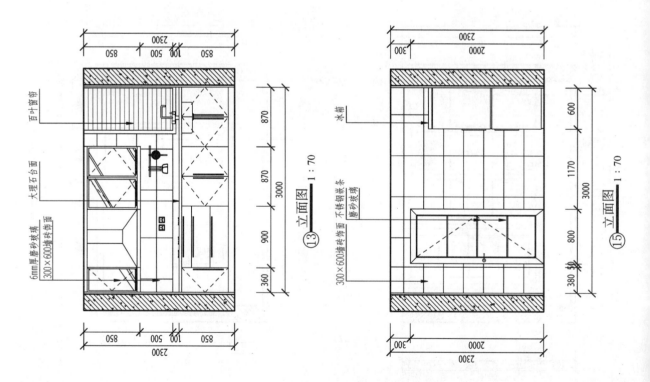

图 7 - 8